食用菌生产创新技术图解手册

SHIYONGJUN SHENGCHAN
CHUANGXIN JISHU TUJIE SHOUCE

玉林市微生物研究所
广西食用菌产业创新团队玉林综合试验站 编著

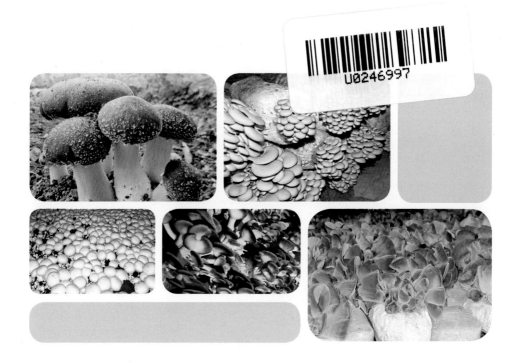

中国农业出版社
北　京

编委会名单

前　言

　　目前，国家正全面推进健康中国建设，把保障人民健康放在优先发展的战略位置。作为健康中国建设的重要组成部分，健康饮食成为人们越来越关注的话题。随着生活水平的提高，人们的饮食需求逐渐从吃饱、吃好转变为"吃健康"。食用菌在健康饮食中的作用越来越重要，世界卫生组织（WHO）将食用菌类列为食物的独立成员，倡导将"一荤一素一菌"作为21世纪人类最佳饮食结构。

　　我国有着悠久的食用菌栽培历史，食用菌含有丰富的蛋白质和氨基酸（18种），其中包括人体必需的8种氨基酸；还富含锌、铜、铁、钾、钙等多种矿质元素及其他一些微量元素，其营养价值达到植物性食品的顶峰。此外，食用菌还具有较高的药用保健价值，含有高分子多糖、核酸降解物、三萜类化合物等多种生物活性物质，对抗癌防癌、降血压、降血脂、降血糖、助消化等有较好的作用，深受广大消费者青睐。

　　食用菌的生产主要是以棉籽壳、玉米芯、木屑、农作物秸秆等农林副产品为原料，不仅具有投资少、见效快、周期短、效益高的特点，还可以保护生态环境，实现农业生态系统的良性循环。近年来，我国食用菌产业蓬勃发展，在促进农民增收、脱贫攻坚、生态环境保护等方面发

挥了重要作用，取得了良好的经济效益、社会效益和生态效益。

　　十年来，广西食用菌产业创新团队玉林综合试验站及其技术依托单位玉林市微生物研究所全体科技人员在加强食用菌野生资源调查、品种繁育、栽培管理、病虫害防治等技术研究创新方面，获得了丰硕的成果，积累了丰富的经验，取得了理想的效益。为推广食用菌最新栽培技术，推进食用菌产业高质量发展，助力乡村振兴和健康中国建设，我们决定编写《食用菌生产创新技术图解手册》一书。本书主要介绍食用菌基础知识、生产技术、病虫害防治等内容，选择平菇、秀珍菇、双孢蘑菇、毛木耳、大球盖菇5个代表性食用菌品种，详细介绍了各品种的生产创新技术，力求重点突出、实用新颖、图文并茂、通俗易懂，希望能给广大食用菌从业人员和爱好者提供有益的参考。由于时间仓促、编者水平有限，本书还有不足之处，敬请广大读者提出宝贵意见，以便再版时修正。

编委会

2020年仲夏

目　录

前言

一、概论 ……………………………………………… 1

　　(一) 食用菌概念 ……………………………… 1

　　(二) 食用菌营养价值与药用价值 ……………… 2

　　(三) 食用菌常栽品种简介 …………………… 2

二、食用菌常规生产技术 ……………………… 14

　　(一) 菌种 ……………………………………… 14

　　(二) 栽培原料及配方 ………………………… 15

　　(三) 生产设施设备 …………………………… 15

　　(四) 场地选择、季节安排与栽培方式 ……… 21

　　(五) 常见栽培模式 …………………………… 23

三、5种食用菌高效栽培技术 ………………… 25

　　(一) 平菇 ……………………………………… 25

　　(二) 秀珍菇 …………………………………… 35

　　(三) 双孢蘑菇 ………………………………… 52

　　(四) 毛木耳 …………………………………… 74

　　(五) 大球盖菇 ………………………………… 84

四、常见病虫害防治 …………………………… 97

　　(一) 常见病害 ………………………………… 97

　　(二) 常见虫害 ………………………………… 103

　　(三) 食用菌病虫害综合性防治 ……………… 106

一、概　　论

（一）食用菌概念

食用菌是指子实体硕大、可供食用的蕈菌（大型真菌），通称为蘑菇。目前，全世界已知食用菌有2 000多种，我国已报道约1 000种，目前，能够人工栽培的有100多种，其中可商业化栽培的有60多种。

1.菌丝体

菌丝体是食用菌的营养器官，由无数分枝的菌丝组成，其主要功能是分解基质，并从基质中摄取水分、无机盐和有机物（图1-1-1）。

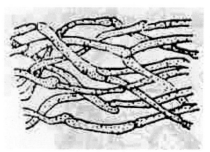

2.子实体

子实体由组织化的菌丝体扭结形成，

图1-1-1　菌丝体

是供人们食用的主体部分，主要由菌盖、菌褶、菌柄等组成。是食用菌产生孢子，实现繁殖的器官。绝大多数食用菌的子实体是伞形的，也有呈耳状的如木耳和银耳（图1-1-2）。

图1-1-2　秀珍茹子实体

（二）食用菌营养价值与药用价值

1.营养价值

食用菌具有高蛋白、低脂肪、低胆固醇的特点，其子实体的蛋白质含量占鲜重的3%～4%或为干重的10%～40%，介于肉类和蔬菜之间，是常见蔬菜的3～6倍，含有多种氨基酸。脂肪含量较低，占干重的2%～8%，主要由不饱和脂肪酸构成。微量元素丰富，占干重的4%～10%。此外，还富含多种维生素，特别是B族和D族维生素。

2.药用价值

食用菌不仅营养丰富，还具有较高的药用价值。食用菌中的多糖类和蛋白多糖，能抑制肿瘤生长，增强机体免疫功能。含有的类固醇物、虫草素、有机锗、核酸等，对预防疾病有一定的辅助作用。

（三）食用菌常栽品种简介

1.双孢蘑菇

（1）形态特征

双孢蘑菇（*Agaricus bisporus*）又称蘑菇、白蘑菇、洋蘑菇。白色，光滑，子实体中型；菌盖宽5～12厘米，初期半球形，后期平展，边缘初期内卷；菌肉厚，碰伤后略变淡红色；菌褶初期粉红色，后期变褐色至黑褐色，密、窄、离生、不等长；菌柄长4.5～9.0厘米，直径1.5～3.5厘米，具丝光，近圆柱形，内部松软或中实；菌环单层，膜质，着生于菌柄中部，容易脱落。

（2）生长特性

双孢蘑菇菌丝空气适宜湿度65%～70%，菌丝生长温度范围3～35℃，最适生长温度22～25℃；子实体生长温度6～23℃，空气适宜湿度85%～90%；最适出菇温度15～18℃（图1-3-1）。

图1-3-1　双孢蘑菇

2.毛木耳

（1）形态特征

毛木耳（*Auricularia polytricha*）又称黄背木耳、白黄背木耳。子实体胶质、脆嫩，光面紫褐色，晒干后为黑色，毛面白色或黄褐色；耳片有明显基部，无柄，基部稍皱，耳片成熟后反卷，鲜耳直径8～25厘米，厚度1.2～2.2毫米。

（2）生长特性

毛木耳属于中高温型菌类，培养基适宜含水量60%～65%；菌丝生长温度范围10～37℃，适宜温度25～30℃，空气相对湿度50%～70%；子实体生长温度18～34℃，适宜温度为22～28℃，空气相对湿度90%～95%（图1-3-2）。

图1-3-2　毛木耳

3.秀珍菇

（1）形态特征

秀珍菇（*Pleurotus geesteranus*）又名袖珍菇、环柄侧耳、黄白侧耳和小平菇。子实体单生或丛生；菌盖直径小于3厘米，扇形、肾形、圆形、扁半球形，基部不下凹，成熟时常呈波曲状，盖缘薄，初内卷、后反卷；菌褶延生、白色、狭窄、密集、不等长；菌柄长5～6厘米，白色，多数侧生，基部无绒毛。

（2）生长特性

秀珍菇适宜含水量为60%～65%；菌丝生长温度10～35℃，最适温度为24～26℃；子实体生长温度范围为5～30℃，最适温度为10～25℃，空气适宜湿度为85%～95%（图1-3-3）。

图1-3-3　秀珍菇

4.平菇

（1）形态特征

平菇（*Pleurotus ostreatus*）也称侧耳、糙皮侧耳、蚝菇、黑牡丹菇。子实体常枞生或叠生；菌褶延生，菌柄侧生；菌盖直径5～21厘米，呈灰白色、浅灰色、瓦灰色、青灰色、灰色至深灰色，菌盖边缘较圆整；菌柄较短，长1～3厘米，直径1～2厘米，基部常有绒毛。菌盖和菌柄都较柔软；孢子印白色，有的略带藕荷色。

（2）生长特性

平菇有低、中、高温型，培养基含水量65%～70%；菌丝在5～35℃均能生长，最适温度为24～28℃，空气相对湿度70%～80%；子实体生长温度范围为7～28℃，最适生长温度因品种不同差异很大，有低温型、中温型、高温型和广温型，空气相对湿度85%～95%。平菇属变温结实性菇类，有温差容易出菇（图1-3-4）。

图1-3-4　平菇

5.金针菇

（1）形态特征

金针菇（*Flammulina velutipes*），别名冬菇、朴蕈等。子实体一般比较小，成束生长，肉质柔软有弹性。菌盖球形或扁半球形，直径1.5～7.0厘米，表面有胶质薄层，湿时有黏性，呈白至黄褐色；菌肉白色，中间厚，边缘薄；菌褶白色或象牙色，较稀疏，长短不一，与菌柄离生或弯生；菌柄中生，长3.5～15.0厘米，直径0.3～1.5厘米，白色或淡褐色，空心。

（2）生长特性

金针菇培养基适宜含水量60%～70%；菌丝生长温度为6～33℃，最适温度为22～25℃，空气相对湿度60%～70%；子实体生长温度范围为5～20℃，最适宜温度为10～15℃，空气相对湿度90%～95%（图1-3-5）。

图1-3-5　金针菇

6.鸡腿菇

（1）形态特征

鸡腿菇（*Coprinus comatus*），学名毛头鬼伞，因其形如鸡腿，肉质似鸡丝而得名。子实体较大，菌盖圆柱形，直径3～5厘米，高9～11厘米，表面褐色至浅褐色，随着菌盖长大而断裂成较大型鳞片，开伞后40分钟内边缘菌褶溶化成墨汁状液体，菌肉、菌柄白色，菌柄圆柱形，较细长，且向下渐粗，光滑。

（2）生长特性

鸡腿菇培养基适宜含水量65%～70%；菌丝生长温度为8～33℃，最适温度为20～28℃；子实体生长温度范围为9～30℃，最适宜为12～18℃，空气相对湿度85%～95%（图1-3-6）。

图1-3-6　鸡腿菇

7.香菇

（1）形态特征

香菇（*Lentinus edodes*），别称花蕈、香信、厚菇、花菇。肉质肥厚细嫩，味道鲜美，香气独特。子实体较大型、较致密，菌盖褐色至深褐色（含水量低时色浅），圆形，直径多为5～10厘米，厚1.5～2.0毫米，有鳞片和绒毛。

（2）生长特性

香菇培养基适宜含水量55%～60%；菌丝生长温度为5～33℃，最适温度为23 ～ 26℃；子实体生长温度范围为10 ～ 25℃，最适温度为15 ～ 20℃，空气相对湿度90% ～ 95%（图1-3-7）。

图1-3-7　香菇

8.金福菇

（1）形态特征

金福菇（*Tricholoma lobayensc*），子实体丛生或簇生，形大。菌盖平展光滑，半球形；菌肉白色或乳白色；菌柄上小下大，呈长棒状。

（2）生长特性

金福菇属于高温型菌类，培养基适宜含水量60% ～ 65%；菌丝生长温度为15 ～ 35℃，最适温度为25 ～ 30℃，子实体生长温度范围为15 ～ 32℃，最适温度为26 ～ 28℃，空气相对湿度85% ～ 90%（图1-3-8）。

图1-3-8　金福菇

9.猴头菇

（1）形态特征

猴头菇（*Hericium erinaceus*），又叫猴头菌，因外形酷似猴头而得名。子实体头状，不分枝，圆而厚，白色，干后呈浅黄至浅褐色，直径为5～20厘米，肉质、内实、无柄。菌伞表面长有毛茸状肉刺，刺下垂，长1～3厘米，针形，粗1～2毫米。

（2）生长特性

猴头菇培养基适宜含水量60%～68%；菌丝生长温度为5～33℃，最适温度为23～26℃；子实体生长温度范围为10～32℃，最适温度为18～23℃，空气相对湿度90%～95%（图1-3-9）。

图1-3-9　猴头菇

10.灵芝

（1）形态特征

灵芝（*Ganoderma lucidum* Karst.）又称神芝、仙草、还阳草、菌灵芝、万年蕈、灵草、赤芝等，是一种多孔菌科真菌。灵芝的子实体，单生，其外形呈伞状，菌盖肾形、半圆形或近圆形，呈红褐色至黑色，成熟后木质化。

（2）生长特性

灵芝属于中高温型菌类，培养基含水量为65%～68%；菌丝生长温度为

15 ～ 35℃，最适温度为20 ～ 30℃；子实体生长温度范围为18 ～ 30℃，最适温度为18 ～ 23℃，培养基含水量65％～ 80％，空气相对湿度90％～ 95％（图1-3-10）。

图1-3-10　灵芝

11. 其他常栽品种

除上述10种最常见的食用菌栽培品种外，还有如下几种常栽品种（图1-3-11 ～ 1-3-25）。

图1-3-11　黑木耳

图1-3-12　茶新菇

图1-3-13　姬菇

图1-3-14　大球盖菇

图1-3-15　大杯蕈

图1-3-16　草菇

图1-3-17　鲍鱼菇

图1-3-18　榆黄蘑

图1-3-19　巴西蘑菇

图1-3-20　杏鲍菇

图1-3-21　银耳

图1-3-22　蟹味菇

图1-3-23 竹荪

图1-3-24 茯苓

图1-3-25 羊肚菌

二、食用菌常规生产技术

（一）菌种

菌种要从具有生产资质的科研单位、大专院校、菌种保藏专门机构引进。食用菌的种类繁多，优质菌种的标准因品种的不同而存在差异，但每一个优良菌种都有"纯、正、壮、润、香"的共性。根据菌种的来源、繁殖代数及用途不同，可以把菌种分为母种（一级种）（图2-1-1）、原种（二级种）（图2-1-2）和栽培种（三级种）（图2-1-3）。常言道："有收无收在于种，收多收少在于管"。菌种质量的优劣，对食用菌栽培的产量和品质起关键作用。因此，使用优良的菌种，是获得优质高产的食用菌产品和显著经济效益的前提。

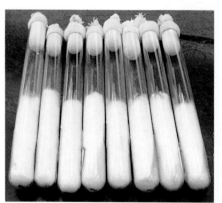

图2-1-1　母种

图2-1-2　原种

图2-1-3　栽培种

（二）栽培原料及配方

栽培食用菌常用的原料：以棉籽壳、阔叶树或杂木木屑木粒、稻草、玉米芯、玉米秸秆、桑枝屑、木薯杆屑、谷壳、桉树皮等为主料；以麦麸、米糠、玉米粉、黄豆粉、石膏、过磷酸钙、石灰等为辅料。原料要求干爽、无病虫、无霉变。新鲜的木屑需要堆制一段时间方可利用，一般淋水堆放15～30天后使用。常用的培养料配方有以下几种（干料比例）。

参考配方1：棉籽壳78%，木糠或麦麸20%，石膏粉2%。

参考配方2：木屑25%，杂木糠15%，棉籽壳37%，麦麸20%，石灰2%，过磷酸钙1%。

参考配方3：稻草屑20%，杂木糠47%，木粒10%，麦麸15%，玉米粉5%，石灰2%，过磷酸钙1%。

料水比为1∶1.2。

培养料pH因品种而异，各种食用菌都有其生长适宜的pH范围，一般地说，木腐菌类适于在偏酸（pH＜7）的环境中生长，如黑木耳适宜pH为5.0～6.5，银耳适宜pH为5.2～5.8，猴头菌适宜pH为5.0～6.0；粪草腐生菌类则适于在偏碱（pH＞7）的环境中生长，如草菇适宜pH为7.5～9.0，蘑菇适宜pH为7.2～7.5。

（三）生产设施设备

不同的食用菌栽培模式有不同的设施设备要求，常用的设施设备有粉碎机、棉籽壳预湿池、发酵隧道、搅拌机、简易装袋机、自动装袋机、灭菌锅等等（图2-3-1～图2-3-15）。

图2-3-1　粉碎机

图2-3-2　棉籽壳预湿池

图2-3-3　发酵隧道

图2-3-4　搅拌机

图2-3-5　简易装袋机

图2-3-6　自动装袋机

图2-3-7　灭菌锅

图2-3-8　蒸汽发生炉

图2-3-9　高压蒸汽锅炉

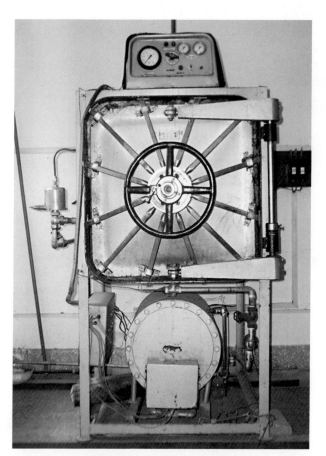

图2-3-10　小型高压灭菌锅

图2-3-11　菌钉种

图2-3-12　接种箱

图2-3-13　拱形保温棚

图2-3-14　移动式打冷机

图2-3-15　保鲜冷库

（四）场地选择、季节安排与栽培方式

1.栽培场地

菇棚一般建在交通方便、通风、靠近清洁水源、排水方便并利于控制病虫害的地方，菇棚四周300米范围内无污水、污物、畜禽养殖场、医院、垃圾场等。栽培场所应远离工厂的"三废"、有害微生物、粉尘等污染源，栽培房或菇棚要具有保温保湿、通风透气、便于消毒处理等特点。小规模食用菌栽培可利用房屋、仓库、厂房等进行室内栽培，也可以在室外建大棚栽培。

2.栽培季节

广西一年四季均可进行食用菌生产。应根据各地的气候条件、栽培场地及栽培方式选择合适的品种。

多品种组合的周年生产：

12月至翌年2月：栽培平菇、金针菇、鸡腿菇、杏鲍菇、真姬菇等品种。

3—5月：栽培平菇、香菇、鸡腿菇、姬松茸、杨树菇、木耳、长根菇等品种。

6—8月：栽培平菇、鲍鱼菇、金福菇、草菇、灵芝等品种。

9—11月：栽培平菇、香菇、鸡腿菇、杏鲍菇、大球盖菇、姬松茸、杨树菇、真姬菇、黄伞、双孢蘑菇等品种。

3.栽培方式

（1）熟料栽培

熟料栽培是将制备好的培养料装在聚乙烯或聚丙烯薄膜袋里，经过灭菌处理后，在无菌条件下进行接种和发菌的栽培方式。灭菌的方法有高压灭菌和常压灭菌。高压灭菌指利用高温高压蒸汽灭菌，高压蒸汽具有较强的穿透力，蛋白质在湿热条件下容易变性，高压灭菌中温度随着蒸汽压力的增加而升高，因此高压蒸汽是使用最广泛的灭菌方法，灭菌效果最好。体积大、热传导性能差的木屑米糠培养基、棉籽壳培养基等需要采用0.137兆～0.147兆帕（1.4～1.5千克/厘米^2）压力，持续1小时才能达到灭菌要求。发酵草料培养基、河泥培养基则需用0.196兆～0.245兆帕（2.0～2.5千克/厘米^2）压力，持续3～4小时。常压灭菌是指在自然压力下，采用100℃水蒸气进行灭菌的方法。该方法设备简单，成本低，只要砌1个炉灶，买1～2口大锅，上面用砖和水泥砌成。设计常压灶时应注意的问题：大小根据生产规模来定，灶顶部最好制成拱圆形，这样冷凝水可沿灶的内壁流下，且不会打湿棉塞。灶仓内要有层架结构，以便分装灭菌物，灶上安装温度计随时观察灶内温度变化。如果灭菌时间较长，锅内水不够蒸发使用，需要安装加水装置。灶仓的密封性要好，提高灭菌效果的同时可以节约燃料。常压灭菌要求水烧开后保持8～10小时，闷一晚上即可。规模较大的栽培工厂，采用常压灭菌方式的多为铁制蒸汽灭菌室灭菌，或蒙古包式蒸汽灭菌。铁制灭菌室适用于大规模生产食用菌，把需要灭菌的菌包放在灭菌室内，室外设置蒸汽锅炉，蒸汽从锅炉导入铁制灭菌室对菌包进行灭菌。蒙古包蒸汽灭菌，较为简易，投资少，但节能性能较差。灭菌设施由塑料薄膜、篷布、蒸汽锅构成，将蒸汽锅产生的蒸汽导入包内，进行灭菌。

①熟料袋式栽培的工艺流程

栽培季节选择→栽培场所、栽培原料及菌种的准备→培养料配制→装袋→灭菌→接种→发菌管理→出菇管理→采收→加工、销售。

②熟料袋式栽培的优点

不仅适用于室内栽培，也适用于在塑料大棚、闲置房屋等场所栽培。可充分利用菇房空间，可节省人力，便于管理，减少病虫害发生。培养料中可以添加各种有机营养，是充分利用营养瘠薄的培养料的有效途径。用菌种量少，菌丝长势好，生长速度快，培养料利用率高，栽培产量高，可实现工厂化及周年化生产。

③熟料袋式栽培的缺点

投资较大，生产成本高，对技术要求高。

（2）发酵料栽培

发酵料是指将培养料建堆发酵（发酵堆制），利用原料里的嗜热微生物发酵升温，高温能杀死培养料中的大部分杂菌和虫卵，同时使培养料中的纤维素、木质素等大分子化合物分解，变成有利于菌丝吸收的物质。

①发酵堆制的过程

发酵堆制方法很多，但其过程基本类似。一般地，将拌好的原料按常规的方法建堆，然后用木棒打若干个洞口，覆盖上塑料薄膜，四周压好即可。发酵的时间随气温而定，气温25℃时，建堆1天料温可达60℃，（气温15℃时，建堆2天料温可达60℃）。料温达到60℃后，揭膜通风，白天用草帘遮荫，晚上掀开，经6～10小时后，就可看到通气孔内有蒸汽冒出，并有白色放线菌产生，此时便要进行翻堆，把表层及底层料翻到中间，白色层及棕色层翻在表面。一般翻堆后12～25小时料温达到60℃，揭膜通风降温，使料温维持在52～60℃，10小时后，料面产生大量放线菌，手握培养料感觉松软，气味香甜即可。原料发酵一定要掌握好腐熟程度，未达到发酵标准，栽培容易滋生杂菌，发酵时间过长或料温太高，营养成分受到破坏，影响产量。

②发酵料栽培的工艺流程

栽培季节选择→栽培场所、栽培原料及菌种的准备→培养料配制→发酵（一次发酵或二次发酵）→装袋或辅料上床→接种→发菌管理→出菇管理→采收→加工、销售。

③发酵料栽培的优点

堆料有利于高温型微生物活动，发酵产热杀死了绝大部分细菌，大大减少了原料中的杂菌。堆料过程中改变了原料的物理状态使原料充分吸水膨胀、软化、分解利于菌丝吸收利用；堆料降低原料pH利于菌丝生长；借助微生物，消除一些不利于菌丝生长的有害物质。

④发酵料栽培的缺点

对发酵技术要求高，培养料发酵不达标易发生病虫害、产量低等问题。

（五）常见栽培模式

1.大棚栽培

大棚栽培模式是指充分利用棚内环境的可控性，通过人工调节棚内的光线、温度、气温、湿度等条件，满足食用菌的生长需求。根据现有食用菌品种的生产模式，一般有圆顶大拱棚、斜面棚、仿冬暖式大棚、冬暖大棚等模式。在广西，大部分农户采用塑料薄膜大棚栽培食用菌。塑料薄膜大棚是用塑料薄膜覆盖的一种大型拱棚，与温室相比，结构简单，建造和拆装方便，投资较少；与中小拱棚相比，坚固耐用，使用寿命长，棚体空间大，作业方便，利于食用菌生长，便于环境调控。

2.二次发酵大棚栽培

二次发酵大棚栽培是从福建引进的一项双孢蘑菇栽培新技术。该技术缩短了食用菌培养堆制"前发酵"时间，通过从室外输送蒸汽进入大棚，使温度增加至60℃，保持6～10小时，随后降温至50～52℃，保持3～5天的时间，对培养料进行二次发酵（又称后发酵），使培养料发酵彻底、均匀，杀灭培养料及棚内不利于食用菌生长的杂菌和害虫，并使培养料中高温性放线菌等有益微生物充分繁殖，形成大量菌体蛋白及各种维生素和氨基酸，供菌丝吸收利用。

3.果园套种

果树与食用菌存在互利共生的关系，两者套种既可以充分利用果树树体之间的空隙，提高土地利用率，采收后的菌渣又可以作为果树的优良肥料。常见模式有香蕉、荔枝、龙眼、柑橘等果树套种金福菇、平菇、大球盖菇等食用菌。

4.室内栽培

利用空闲房子、厂房、仓库等建筑栽培食用菌的模式。

三、5种食用菌高效栽培技术

（一）平菇

1.概述

平菇属木腐生菌类，由于其具有适应性强，栽培料来源广泛，栽培方法简单易行的特点，目前是广西本地栽培较多的一种食用菌品种。根据适宜生长温度分为：中低温平菇、中高温平菇、广温平菇，因此可根据不同季节气温变化选择合适的品种，实现周年配套生产（图3-1-1）。

图3-1-1　秋冬季出菇的平菇

2.生长发育条件

（1）营养

平菇分解木质素和纤维素的能力很强，在生长发育过程中，所需要的营养物质主要是碳源（纤维素、半纤维素、淀粉、糖类等）、氮源、矿物质、维生素等，要求碳源、氮源营养比例合适，碳氮比为（20 ～ 30）：1。

（2）温度

平菇的菌丝生长温度范围是5 ～ 35℃，适宜温度是24 ～ 28℃，若温度高于36℃或低于10℃则生长缓慢，40℃时停止生长发育。生成子实体的温度范围是5 ～ 25℃。低温型平菇子实体分化最适温度为16℃以下。中温型平菇子实体分化最适温度为16 ～ 25℃。高温型平菇子实体分化最适温度在25℃以上。平菇属于变温结实性菌，在一定温度范围内昼夜温差越大越有利于子实体形成和生长。

（3）水分与湿度

菌丝生长阶段要求培养基的含水量为60% ～ 65%，含水量过高，菌丝难以生长；含水量太低，菌丝生长细弱；培养室要求空气相对湿度为60% ～ 70%，空气相对湿度过大，容易滋生杂菌。

子实体发育阶段要求培养基含水量为60%～70%；空气相对湿度为80%～95%，低于80%，子实体发育缓慢、瘦小、易干枯，高于95%，菌盖易变色、腐烂。

（4）光照

菌丝生长阶段对光照条件要求不严，在明亮或黑暗条件下均能生长，但在无光或微弱光线下菌丝生长较好，在强光下菌丝生长会受到一定影响。子实体形成需要一定的光线，在弱光下，子实体只能形成菌蕾，不长菌柄与菌盖，甚至萎缩死亡，在直射光及无光下，不易形成正常的子实体。在散射光（七分阴三分阳）的刺激下才能促使子实体的分化和正常生长。

（5）空气

平菇是好气性真菌，在整个生长发育过程中都需要新鲜空气。平菇菌丝体发育阶段对空气要求不严格。子实体发育则要求有足够的氧气和良好的通气条件。二氧化碳浓度过高时会抑制出菇或出现畸形菇。

（6）酸碱度

平菇喜欢在中性偏酸的培养料上生长，pH在4.0～8.0时，菌丝正常生长，但pH以6.5～7.0最适宜。平菇在生长过程中会产生少量的酸性物质，在制作培养料时，常将pH调至中性或弱碱性。

3.栽培技术

平菇栽培的方法有很多，按原料处理方式分类：熟料袋栽、生料床栽、发酵料栽培。熟料袋栽是最常用的方法，便于管理，减少病虫害，产量稳定。熟料袋栽平菇高产栽培技术步骤如下。

（1）原料与参考配方

栽培平菇常用的原料：以棉籽壳、稻草、玉米芯秆、桑枝屑、木薯秆屑、谷壳、阔叶树或杂木木屑木粒、废棉等为主料；以麦麸、米糠、玉米粉、黄豆粉、石膏、过磷酸钙、石灰等为辅料。所需原料要求干爽、无病虫、无霉变。新鲜的木屑需要经过堆制方可利用。参考配方如下：

配方1：棉籽壳56%，木糠30%，麦麸12%，石灰1%，石膏1%。

配方2：稻草屑20%，杂木糠47%，木粒10%，麦麸15%，玉米粉5%，石灰2%，石膏1%。

配方3：玉米芯25%，杂木糠15%，棉籽壳37%，麦麸20%，石灰2%，过磷酸钙1%。

（2）原料配制与装袋

按配方称取原料，主料棉籽壳（图3-1-2）、稻草（图3-1-3）、玉米芯等要提前一天预湿，次日装袋前加入麦麸、玉米粉、石膏、过磷酸钙等辅料，用机器拌料（图3-1-4）。制备好的培养料要求含水量为65%左右，即用手紧握培养料，指缝间有水渗出或有少量水滴（图3-1-5）。适宜的pH为7.0～8.0（图3-1-6），可用石灰水调节pH至适宜范围。

图3-1-2　预湿棉籽壳

图3-1-3　预湿稻草

图3-1-4 机器拌料

图3-1-5 培养料含水量测量

图3-1-6 培养料酸碱度测量

配制好培养料后即可装袋（图3-1-7），菌袋要选择食用菌专用的高密度低压聚乙烯（或聚丙烯）袋，规格为：宽×长×厚＝（22～24）厘米×（42～45）厘米×0.03厘米。装袋要求松紧适当，以手抓料袋没有松软感为宜，有条件最好使用装袋机装袋（图3-1-8），菌包质量既标准又统一。

图3-1-7　手工装袋

图3-1-8　装好的菌袋

图3-1-9　简易常压灭菌锅

（3）菌包消毒

菌包制作完成后，要及时装锅灭菌，如果长时间不灭菌，培养料在袋内发酵，易滋生杂菌。菌包装锅时，要求菌包排列有序，料袋之间留有间隙，有利于蒸汽流动。一般采用常压灭菌，在4~6小时内，料温升至100℃以上，保持温度在100~105℃，持续10~14小时，最后旺火猛烧10分钟，停火后再闷一夜。

注意：消毒保压期间，要稳火控制，锅内及时补水，严禁温度低于100℃或漏气。

常见的几种常压灭菌设施：简易常压灭菌锅（图3-1-9）；蒙古包式蒸汽包（图3-1-10），由塑料薄膜、篷布、蒸汽锅炉构成；高压蒸汽锅炉（图3-1-11）；蒸仓灭菌灶（图3-1-12），采用铁皮，或水泥、砖和钢筋建成。

图3-1-10　蒙古包式蒸汽包

图3-1-11　高压蒸汽锅炉

图3-1-12　铁制灭菌仓

当料温降至60℃时，立即出锅，迅速运入接种室。菌包搬运过程中，应轻拿轻放，以免菌袋破损，造成微孔污染。

（4）菌种选择及接种

平菇栽培获得高产的前提是选择优良的平菇菌种。优良菌种的特征：菌丝白色，健壮，生长整齐，无污染，无病虫，菌龄25～30天，用手掰开菌种能成块，打开菌种瓶能闻到菌种特有的香味。

　　菌包料温冷却至30℃以下即可接种。将菌种、菌包、接种工具放入接种室，用熏蒸剂消毒1小时。熏蒸消毒结束后，无菌操作接种。每袋菌种能接种菌包20～30袋。接种时，打开袋口，迅速放入种子，套上颈圈，用经过灭菌的报纸或牛皮纸封口，最后用皮筋扎紧（图3-1-13）。

图3-1-13　平菇接种

　　为了提高菌包成品率，接种时应注意以下3点：

　　①灭菌出锅的菌袋要在1～2天内及时接种，菌袋久置不接种，会增加杂菌感染率。

　　②适当加大接种量，使平菇菌丝在3～4天内迅速封住料面，防止杂菌入侵。

　　③避免在高温高湿的天气接种。

（5）菌丝培养

　　把接好种的菌包搬到培养室进行菌丝培养。菌包单行堆叠成墙状或"井"字形排放，不要多行堆在一起，避免通风不良和发热烧菌，同时菌包不宜堆得过高，一般叠4～6层（图3-1-14）。

图3-1-14　平菇菌丝培养

　　菌包培养期间要求：室内空气相对湿度为60%～70%；温度最好控制在20～28℃；光线暗、空气流通良好。定期检查菌包，发现污染的菌包及时进行无害化处理，避免污染扩散；菌包发热时，要及时进行疏散并加强通风降温。

　　（6）出菇管理

　　接种后，菌丝长满菌包大概需要30天，菌丝长满后，继续培养1周，当袋内壁有少量黄水或者少量原基时，即可进行出菇管理。在地面铺一层蛇皮袋或麻袋，然后将菌包逐层堆放4～6层。出菇摆放菌包的距离以方便采摘为标准。这个时段，要适当增大昼夜温差，提高湿度，增强散射光，促使菌丝扭结成菇蕾。

　　平菇出菇期间要将温度控制在10～25℃，湿度保持在85%～90%，并供给大量新鲜空气和较强的光照，这样的条件，长成的子实体色泽较深，柄短，肉厚，品质好。菌包开始出现子实体原基时，要进行开包出菇处理（图3-1-15）。子实体形成初期以空间喷雾加湿为主，保持地面湿润，不能直接向子实体喷水，以免造成烂蕾死菇。菇蕾分化成菌盖和菌柄，菌盖长到直径2厘米时，可直接喷雾到菇体上（图3-1-16）。出菇管理期间，不能让强冷风或强热风直吹子实体，以免造成幼菇失水死亡。

图3-1-15　开包出菇

图3-1-16　此菌盖大小后可直接喷雾

（7）采收及转潮管理

平菇子实体生长快，一般从现蕾到成熟只需3～4天。当菌盖展开度在70%～80%，菌盖边线尚未完全平展时，要及时采收（图3-1-17）。采收时，提前1～2小时喷1次轻水，使菇盖保持新鲜干净，并减少破碎。连带基部整丛采收，轻拿轻放，防止菇体破损。采收后，要清除死菇残柄，停止喷水3～4天，待菌丝恢复生长后，再进行下一潮菇的管理。平菇正常管理可以采收4～6潮。

图3-1-17　适宜采摘的平菇

（二）秀珍菇

1.概述

秀珍菇是从台湾引进的一种菌类新品种。营养丰富，味道鲜美，质地细嫩，纤维含量少。利用低温刺激出菇，可进行反季节栽培，其栽培模式可采用集约化与规模化栽培，是发展食用菌栽培的首选品种之一（图3-2-1、图3-2-2）。

图3-2-1　秀珍菇鲜品

图3-2-2　规模化栽培的秀珍菇

2.生长发育条件

（1）营养

秀珍菇可用阔叶树木屑木粒、棉子壳、玉米秆、桉树皮等众多农副产品下脚料作碳源，添加麸皮、米糠、玉米粉等作氮源。由于秀珍菇栽培以小菇多潮采收为目的，培养基中必须有充足的氮源，理想的添加量为15%～25%。

（2）温度

秀珍菇属中低温型菇类。菌丝在5～35℃均能生长，适宜温度为20～28℃，最适温度为25℃；气温持续超过28℃时，原基难分化，夏季常规栽培难出菇，菌包需进行10～20℃的温差刺激方可出菇。一般将温差控制在10℃；若冬季气温低于10℃，要进行加温处理，以达到温差效应；夏季气温高时，将温差控制在20℃，保持24小时。经温差刺激处理后，2天可出现大量的菇蕾。

（3）湿度

菌丝生长要求含水量为65%，从原基形成至子实体成熟，要求空气相对湿度为85%～90%。空气相对湿度低于70%时，原基产生少，菇朵易干萎；空气相对湿度高于95%时，子实体易变软腐烂。

（4）空气

菌丝体阶段，需要特殊的通气条件；子实体阶段，则需要有良好的通气条件。如果空气中二氧化碳浓度高于0.1%，极易出现菌盖小、菌柄长的畸形菇。

若通风太大，水分容易散失，对秀珍菇的生长不利。因此，在栽培时应该选择空气缓慢对流的场所。

（5）光照

菌丝体阶段，不需要光照；子实体阶段需要一定的光照，散射光可诱导原基形成和分化。没有光照，子实体无法产生。子实体光照在200～2 000勒克斯生长正常，光线过暗易形成畸形菇，光线过强子实体易干枯。

（6）酸碱度

灭菌前培养料的pH控制在7.0～8.0。

3.秀珍菇栽培工艺及方式

产前准备——配料——制作菌包——灭菌——冷却——接种——菌丝培养——出菇管理——采收——采后养菌——菌包保湿——低温处理——出菇管理。

一般可采收6～9潮菇。秀珍菇栽培方式主要有以下两种。

（1）利用自然温度栽培

一般利用自然温度出菇的，出菇期应避开夏季高温，可安排在1—4月或10—12月温差较大的月份。春季制包由于雨水较多，空气湿度大，污染率高于秋季制包。利用自然温度栽培的菇，受季节气温影响较大，转潮不明显，出菇不整齐，菌包成品率不稳定。

（2）利用制冷设施进行反季节栽培

利用制冷设施进行低温处理栽培，能够反季出菇，潮次明显，出菇整齐，能根据市场需求量控制出菇，能进行集约化栽培。采用制冷措施栽培秀珍菇，一般制包期可安排在11月至翌年1月，避免回潮阴雨天气制作菌包，5—9月打冷出菇。

利用制冷设施反季生产秀珍菇优势较多，以下主要介绍该方法。

4.栽培方法

（1）菇棚要求及搭建

秀珍菇菇棚按照"双盖双架双膜—网屋脊式"搭建（图3-2-3、图3-2-4）：

①整个菇棚分左右两部分，中间留2.5米宽水泥通道，屋顶高度6米，外棚顶用黑色塑料膜盖好，黑膜上再覆盖化纤毯或茅草，棚顶建有自动喷淋水装置，利于保湿降温。大棚四周再用4米宽幅的黑色遮阳网和黑色塑料膜遮盖，利于控制光照和保温。

图3-2-3　栽培大棚棚架

图3-2-4　栽培菇棚外面

②棚内通道两边再用楠竹架设内棚，靠通道处内棚边高2.8米，外边高2.2米。沿通道方向每间隔1.1米搭菌包架，架高1.8米，长6米，每架用毛竹铝合金分上、中、下层。

③出菇打冷时用厚度为0.1毫米的白色塑料膜，将四周和顶部封闭而分隔为相对独立的"冷库"。该方法利于菌丝培养及移动式打冷出菇。

如果有条件，可整个棚同时打冷出菇。

（2）原料和配方

栽培秀珍菇可用阔叶树的木屑、木粒，棉子壳、玉米秆等作碳源；麸皮、玉米粉等作氮源；红糖、石膏、碳酸氢钙、石灰等作辅料。原料要求新鲜、无霉变。棉籽壳要进行预湿或发酵处理，木屑、木粒一般要堆积软化后使用，基质配方中使用杂木屑的，在使用前需经露天堆置处理至深褐色后使用（图3-2-5）。

图3-2-5　木屑预湿堆制发酵

培养料参考配方：

配方1：木粒50%，棉子壳30%，麸皮19%，石灰1%。

配方2：桑枝屑25%，棉子壳25%，木屑20%，木粒10%，麸皮17%，轻质碳酸钙1%，石灰2%。

（3）拌料

先将主料提前预湿（图3-2-6），拌料时加入辅料，主、辅料充分搅拌混合均匀，调节培养料的含水量为60%～65%（用手紧握培养料，指缝间有水珠但不滴下），pH为7.0～8.0(图3-2-7、图3-2-8)。

图3-2-6　棉籽壳预湿

图3-2-7　检查配制好的培养料

图3-2-8　机器拌料

（4）装袋

选用规格为长×宽×厚＝39厘米×17厘米×0.005厘米的高密度聚乙烯塑料袋。采用机械装袋（图3-2-9、图3-2-10），将培养料装入高密度聚乙烯塑料袋，松紧以培养料紧贴袋壁为度，料面平整，用塑料套环封口，袋口加塞棉塞（图3-2-11、图3-2-12）。装料后料袋重量约3千克。配制好的培养料要在6小时内及时装袋灭菌。

图3-2-9　孔立式装袋机

图3-2-10　装袋机装袋

图3-2-11　套颈圈

图3-2-12　袋口塞棉花

（5）灭菌

装好的菌包装入周转筐，盖上防潮塑料板，装锅灭菌（图3-2-13、图3-2-14）。常压灭菌时，应在4小时内使温度达到100℃，保持12～14小时，装入的菌包数量较多时，灭菌时间适当延长（图3-2-15～图3-2-17）。灭菌后的菌包移到清洁干净的冷却室或接种室帐篷进行菌包冷却（图3-2-18）。

图3-2-13　菌包装入周转筐

图3-2-14　装锅灭菌

图3-2-15　蒸汽锅炉

图3-2-16　灭菌锅

图3-2-17　高效灭菌锅

图3-2-18　菌包冷却

（6）接种

接种室应清洁、干燥，并用熏蒸消毒剂和紫外线进行消毒处理（图3-2-19）。接种时，料温应冷却到28℃以下即可按照无菌操作进行接种，接种要快速准确，菌种尽量取块放入（图3-2-20）。将菌种接满袋口，加快萌发。

图3-2-19　用熏蒸剂消毒

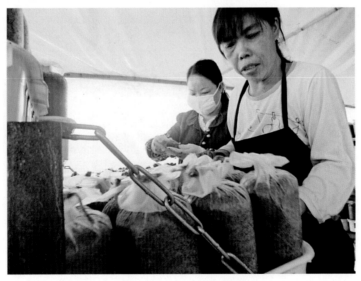

图3-2-20　双人操作接种

（7）菌包摆放及菌丝培养

　　培养室要达到清洁、干燥、遮光、通风，保温性能好的要求，且应预先清洗消毒。完成接种的菌包及时搬入菇棚（图3-2-21）。采用层架式将菌袋逐层横放在菇架上，用竹片隔开。菌包移入出菇棚摆成菌包墙，每层用两根竹条分隔，每层出菇面相互错开（图3-2-22）。

图3-2-21　搬运菌包

图3-2-22　菌包摆放

　　培养室温度控制在20～25℃，堆温控制在23～25℃，注意避免温差过大。空气相对湿度控制在65%～70%。发菌期间应避光，适时通风换气。接种后每隔5～7天检查1次，发现污染的料袋要及时检出并立即无害化处理。菌丝长到培养料2/3以上时，即可进行翻包反转，防止水分聚集（图3-2-23）。

图3-2-23　培养菌丝

（8）出菇管理

秀珍菇菌丝在20～25℃的环境下培养50～90天，菌丝长满全袋后，继续培养至生理成熟。在菌丝达到生理成熟后（图3-2-24），拉大温差（10～20℃）刺激出菇，给予适量的散射光，促使菌丝充分扭结，分化出大量原基，实现群体增长。

图3-2-24　培养成熟的菌丝

拉大温差的措施：设施化室内栽培，可利用空调进行降温，保持24小时。自然条件栽培，可用昼夜温差进行降温，连续5～7天，可出现大量原基。

移动打冷刺激出菇的方法如下：

①打冷

用塑料薄膜封棚，对菇棚、菌袋进行重喷雾水，增加棚内湿度。使用移动式打冷机把菇房（棚）环境温度下降至8～15℃，低温刺激12～14小时（图3-2-25～图3-2-27）。

图3-2-25 打冷前重喷水

图3-2-26 移动式打冷机

图3-2-27　封棚打冷

②开袋

打冷结束后，进行开袋。开袋时，先把菌袋上的颈圈拔掉，用小刀沿着料面割掉袋口薄膜，露出料面（图3-2-28）。

图3-2-28　割掉塑料薄膜的袋口

③闷棚

菌袋开袋后，菇棚用薄膜继续密封2天左右，增加二氧化碳浓度促使菇蕾形成，增长菇柄，期间温度保持在25～28℃，增加散射光。

④护蕾

待70%以上菌袋的菇蕾长到2～4厘米时（图3-2-29），即可揭开塑料薄膜，加强通风透气促进菌盖分化，向空中、地面喷水，调节环境湿度达到90%。

图3-2-29　小菇蕾群体增长

菇蕾形成后，应采取通风、降温措施，使温度维持在28℃以下。增加光照，促进菇盖展开，颜色由浅白色逐步变为深褐色（图3-2-30）。

子实体生长阶段要加强水分管理，应勤喷雾化水，雾点可直接喷在菇体上，出菇期间利用井水喷雾。空气相对湿度不低于75%，否则，极易造成菇蕾枯萎。通风以不造成出菇期间温差过大为宜。

图3-2-30　适宜条件下生长旺盛的秀珍菇

（9）采收

当菇盖长到3 ~ 4厘米，即达到产品标准即可采收。采收时，用剪刀从料面的菇柄底处剪断，采大留小。采后鲜菇应立即放入冷库分级包装。按菇体形状、大小、开伞程度分级，一级菇的菇盖直径3 ~ 4厘米，菇盖直径一般不能大于5厘米，否则，菌盖易开裂（图3-2-31）。

图3-2-31　用剪刀采摘秀珍菇

（10）转潮管理

采完一潮菇后，及时用刀具刮除菇脚，将料面清理干净，同时清扫棚地面的菇脚和烂菇（图3-2-32）。停止喷水，让菌包风干，环境湿度维持在60% ~ 70%。养菌10 ~ 15天，向菌袋料面喷水，进行低温刺激出菇，管理方法同第一潮。采收4潮菇以后，可将菌袋的另一端剪开出菇。

图3-2-32　用刀具清理料面菌脚

（三）双孢蘑菇

1.概述

双孢蘑菇（以下简称蘑菇）是世界上商业化栽培规模最大、普及最广、产量最高的食用菌。蘑菇是一种不可多得的食药兼用的保健食品，富含硒元素、多糖等活性物质，可以提高人体免疫力，具有营养、保健双重功效。随着人民生活水平不断提高，蘑菇的人均消费量将会逐渐增长，蘑菇生产具有广阔的发展前景（图3-3-1、图3-3-2）。

图3-3-1　鲜蘑菇

图3-3-2　蘑菇罐头

2.生长发育条件

蘑菇属于草腐菌类，培养料分解木质素的能力较弱，培养料必须堆沤发酵，依靠嗜热及中温性微生物帮助分解之后，蘑菇菌丝才能吸收利用。

（1）营养

蘑菇不能进行光合作用，只能依靠吸收基质中的有机物进行生长发育。蘑菇可利用的稻草、麦草或其他农作物秸秆与牛粪、马厩肥等作培养料获得。蘑菇菌丝可利用的氮源主要是各种含氮的有机化合物（有机氮），栽培上常用豆饼、菜籽饼、棉籽饼、麦麸、米糠、牛粪、马厩肥、鸡粪、猪粪和各种化肥来满足蘑菇的需要。此外，蘑菇还可利用部分无机含氮化合物，栽培上通常用碳酸氢铵、尿素、磷酸铵等含氮化合物作为辅料以补充氮源不足。矿物质元素也是蘑菇生发育过程中不可缺少的，因此在蘑菇培养料配制中常加入一定的磷肥、石膏、碳酸钙等物质。适宜蘑菇生长的碳氮比：培养料堆制时要求碳氮比为（30～33）∶1；发酵后适宜蘑菇菌丝生长的碳氮比为（17～18）∶1；而蘑菇原基分化和子实体形成时的最适碳氮比为14∶1。

（2）温度

菌丝体生长温度范围为8～32℃，最适为20～25℃。子实体发生温度范围为6～23℃，最适为15～18℃。温度小于15℃时，生长过稀，肥大，外观差；温度大于19℃，生长过快，易开伞，商品价值低。

（3）水分与湿度

蘑菇在生长过程中，需要大量的水分。所需要的水分来自培养料、覆土和空气湿度。培养料的含水量以60%～65%为宜。覆土泥土的含水量因土而异，一般为18%～20%。菇房空气相对湿度在菌丝生长阶段要求为80%，在出菇期间要求为90%。

（4）空气

蘑菇是好氧性真菌，若通风不良会抑制子实体的生长，同时容易引起各种病虫害的发生。因此，菇房必须要求通风良好，在蘑菇生长发育过程中，不断调入新鲜空气，排除有害气体；出菇期间更应该加强通风换气，保证菇房内有充足的氧气。

（5）酸碱度

蘑菇生长时培养料的pH应为5.0～8.0，最适宜的pH为6.5～7.0。菌丝生长时能产生有机酸，使培养料的酸碱度下降，因此在配料时加入1%～2%的生石灰粉，以提高料的pH。覆土泥土pH为7.0～7.5。

3.季节安排

根据气象资料，选择日平均气温稳定在25～26℃的大致日期（播种期），播种期减去培养料发酵时间（16～18天），就是建堆时间。南方地区在10月下旬至11月上旬进行培养料堆制发酵较适宜，最迟不能超过12月初。建堆过早，播种后受高温影响，易形成"菌被"，降低产量，同时容易发生病虫害。过晚建堆，则会缩短产菇期。适期播种后，经1个月进入始菇期，大约50天后进入秋菇高峰期。控温菇房和工厂化出菇房可实现周年栽培。

4.场地选择及菇棚搭建

（1）场地选择

建造菇棚应选择干燥、排水方便、周围环境清洁、交通方便且靠近水源的场地，远离禽舍畜厩，不能用旧粮仓改建。菇棚方位宜坐北朝南，以便利用冬季太阳辐射来提高室温，防止干冷的西北风直吹床面。

（2）菇棚搭建

菇棚结构直接影响棚内温度、湿度、通风等环境因素，影响蘑菇质量和产量。常见的菇棚有：

①棚内床架式菇棚

用毛竹或铝合金搭建菇棚与菇床，外披遮阳网及塑料薄膜，覆盖草帘。这种棚的土地利用率高，二次发酵常采用。根据菇棚结构合理安排床架，两侧床架宽度为1.2～1.3米，长度视菇棚而定。床面可采用木板、竹尾、竹片、铝合金等铺设。床架底层离地面不少于20厘米，层间距以50～60厘米为宜，便于操作。床架顶层与棚顶距离1.0米以上，利于通气（图3-3-3、图3-3-4）。

图3-3-3　层架式蘑菇大棚

图3-3-4　拱形保温棚

②地畦式简易菇房

　　栽培地点多利用农闲田或选择与其他作物套种，如蔗田、果园、林地等。先整理好畦床，再搭建拱棚。小规模的地畦式简易菇房构造为：棚的外侧设置排水沟，用挖出的土将畦床垫高，畦宽80～100厘米，畦深15厘米，两畦中间留出50厘米宽的过道。用竹片、木棍等作支架，用塑料薄膜和草毯覆盖（图3-3-5）。

图3-3-5　地畦式简易菇房

（3）菇房消毒

提前4天对将要使用的菇棚进行消毒，消毒方法：用5%的石灰水将棚内墙壁全部喷洒1遍，然后用塑料薄膜将菇棚封闭，再用40%甲醛熏蒸1天。进料前1天，在地面撒1层石灰粉，或用10毫升70%的过氧乙酸加1升水混匀喷洒菇房。

5.栽培参考配方（以100米²计算）

配方1：干稻草2 000千克，干牛粪1 000千克，过磷酸钙30千克，石膏粉50千克，菜籽饼粉50千克，碳酸钙40千克，尿素20千克，碳酸氢铵30千克，石灰粉50千克。

配方2：干稻草2 000千克，干牛粪1 000千克，过磷酸钙50千克，石膏粉50千克，尿素25千克，石灰粉50千克，花生麸50千克。

配方3：干稻草2 000千克，干牛粪750千克，石膏粉45千克，尿素25千克，石灰粉60千克，复合肥30千克。

6.培养料堆制发酵

培养料堆制发酵常见的方法有一次发酵和二次发酵，二次发酵又分为菇棚内床架式后发酵、隧道发酵式后发酵两种方式。生产者可根据栽培地点、菇房结构及个人技术等条件进行选择。在室外一次完成蘑菇培养料的堆制发酵，叫一次发酵，又叫常规发酵。一次发酵是培养料传统的发酵方法，也是二次发酵和增温剂发酵方法的基础。一次发酵技术容易掌握，所需生产条件不高，但发酵时间长，发酵料腐熟度不够均匀，发酵质量受自然气候影响较大。有条件的最好采取二次发酵。二次发酵需要的时间一般为18～20天。

（1）一次发酵（常规发酵）

堆制时间随栽培蘑菇季节和所用草料质地不同而异。选用稻草堆制耗时22～26天，翻堆次数4～5次。一次发酵的主要堆制程序为：预湿—建堆—翻堆—发酵结束。

①预湿

稻草、牛粪应干燥无霉变，按配方称好，牛粪碾碎，提前1天把牛粪、稻草充分预湿（图3-3-6、图3-3-7）。

图3-3-6　预湿稻草

图3-3-7　预湿牛粪

②建堆

底层铺30厘米厚的稻草，然后交替铺上牛粪、花生麸和稻草，每层高度25厘米左右，一直堆到料堆高在1.5米以上，顶层用牛粪覆盖堆成龟背形。从第三层起开始均匀加水，并逐层增加，水分掌握在堆好后有少量水流出为准（图3-3-8、图3-3-9）。

图3-3-8　建堆

图3-3-9　建成的料堆

　　注意：以后每隔4～6天翻堆1次，全过程应翻堆4～5次。翻堆时应上下、里外、生料熟料相对调位，把稻草抖松，干湿拌和均匀。

　　③翻堆

　　第一次翻堆：建堆5～6天后即可翻堆，翻堆时仍要浇足水分，并分层加入所需的尿素和过磷酸钙，水分掌握在翻堆后料堆四周有少量粪水流出为准，料堆中间每隔1米设置排气孔（图3-3-10、图3-3-11）。

图3-3-10　翻堆逐层加入辅料

图3-3-11　机械翻堆

　　第二次翻堆：第一次翻堆后4～5天，堆温可达80℃，进行第二次翻堆。翻堆时，分层加入石膏，尽量抖松粪草，并在料堆中设置排气孔。这次翻堆原则上不浇水，较干的地方补浇少量水，防止浇水过多造成培养料酸臭腐烂。

　　第三次翻堆：第二次翻堆后3～5天，即可进行第三次翻堆。将石灰粉分层撒在粪草上。料堆中间设排气孔，改善通气状况（图3-3-12）。

图3-3-12　翻堆后在料堆中设置排气孔

第四、第五次翻堆：隔2～3天后进行，使粪草混合均匀。

注意：整个堆制过程水分应掌握前湿、中干、后调整的原则。

④适熟的培养料的判断方法

适合蘑菇栽培的培养料既不能偏生也不能过熟，更不能烂，而是要适度腐熟。检查培养料是否适度腐熟可用以下方法：

一看：适熟时料堆体积只有建堆初期的60%，草料已由青黄色或金黄色变成黄褐色至深咖啡色。料内无害虫、病菌，但有白色放射菌。

二闻：适熟的培养料内，应闻不到氨气味、臭味、酸败味等刺激性异味；略有甜面包味或料香味。

三握：发酵良好、含水适中的培养料，草质柔软、有弹性，不黏滑，能够握得拢、抖得散；用手紧握，指缝间有水溢出，但不下滴，汁水浓，手掌留有潮湿的水印。

四拉：适熟的培养料，草料原形尚在，并具有一定韧性和长度（20厘米以上），用手轻拉即断，但不是烂成碎段。

五测：适熟培养料的pH在7.5左右，含水量在55%～60%，最后一次翻堆后2～3天内，堆温仍可维持在55℃左右（图3-3-13）。

一次发酵结束后，把培养料搬进菇棚，调节培养料水分及温度后，即可接种。

图3-3-13 一次发酵合格的培养料

（2）二次发酵

目前国内农户生产蘑菇普遍采用二次发酵来处理原料。二次发酵是指配制基料时分两步进行，即前发酵和后发酵两个阶段。前发酵和一次发酵步骤一样，时间一般为14天左右，翻堆3～4次，间隔时间为5天、4天、3天、2天，第三次翻堆结束后即可铺入床架（或集中发酵隧道）转入后发酵（5～7天）。

后发酵是采用人为的办法使前发酵料堆温继续维持在58～62℃，持续6～8小时。这也是一个巴氏消毒的过程。经二次发酵的蘑菇培养料，产量一般比一次发酵培养料的产量提高30%左右。

①二次发酵技术——菇棚内床架式后发酵

a.铺料：一次发酵结束后，马上趁热把培养料搬入菇房（棚）内床架上，料层厚度为20～25厘米，堆放时要求培养料疏松，混合均匀，厚度基本一致（图3-3-14、图3-3-15）。

b.自然升温和温度平衡阶段：培养料上床架后，关闭门窗，利用自身热量使培养料自然升温，室温控制在40～45℃。保持1～2天（图3-3-16）。

c.加热升温巴氏消毒阶段：当室温为40～45℃，堆肥温度为55℃左右时，通入蒸汽把室温升至57℃，料温控制在58～62℃，维持6～8小时。杀菌过程不用通风换气，以免热量损失（图3-3-17）。

图3-3-14　培养料上架

图3-3-15　培养料分层放

图3-3-16　封棚自然升温

图3-3-17　蒸汽炉加热升温

d.控温腐熟阶段：巴氏消毒结束后，停止加热供气，将室温控制在40～45℃，料温控制在46～53℃，维持4～6天。

e.降温整床阶段：控温发酵时间达到后，闻不到氨气味、料温降到接近43℃时，应立即通风降温，在12小时内把料温降到30℃以下，转入架床播种。

当培养料经发酵消毒或用农药熏蒸后，打开门窗进行大通风，待培养料温度降至30℃左右时，把培养料均摊于各层，上下翻动抖松，排除发酵过程中所产生的二氧化碳、乙醛、乙烯等各种有害气体，同时使料内进入新鲜空气。培养料翻动后，铺平料层，保持20～25厘米厚。料层厚度一致，有利于今后蘑菇生长均匀。

②二次发酵——隧道发酵式后发酵

隧道发酵是建设专门用于发酵的隧道（图3-3-18），一次发酵、二次发酵在不同的隧道进行，一般需要3条以上隧道，2条用于一次发酵，1条用于二次发酵。一次发酵阶段与上述方法一致，培养料完成3次翻堆后转移至二次发酵隧道继续发酵，在二次发酵隧道需要时间7～8天。

二次发酵隧道工艺流程分为以下6个阶段：

均温阶段——升温阶段——巴氏消毒阶段——降温阶段——恒温培养阶段——降温出料阶段。

a.均温阶段：由于一次发酵料温较高，大多数放线菌等有益微生物已被杀死，通过均温阶段可以恢复有益微生物数量和活性，料温范围为48～50℃，均温阶段通过满负荷运行风机使发酵料各处的温度均匀，料温温差控制在3℃以内，此过程所需时间在8～12小时，均温阶段应严格避免温度产生较大波动（图3-3-19）。

图3-3-18　发酵隧道

图3-3-19　隧道控制设备

b.升温阶段：均温阶段结束后，降低风机运行频率，间断开启新风阀度，保证发酵料氧气含量大于10%即可，依靠料中微生物的活动产热，把料温升至58℃，通常需要8～12小时。

c.巴氏消毒阶段：当料温达到58℃时，进入巴氏杀菌阶段，此时需控制进风量，使料温保持在58～60℃，8～10小时后即可将发酵料中的病原微生物和害虫杀死。如果巴氏消毒时间小于6小时则不能将料中病原微生物和害虫杀灭，温度超过60℃或消毒时间超过10小时均会损害有益微生物数量。

d.降温阶段：巴氏杀菌阶段结束之后转为降温阶段，通过控制风机进风量，将降温速度控制在每小时下降2～3℃，把发酵料温度降到48～50℃。

e.恒温培养阶段：培养阶段控制料温范围为48～50℃，在此过程中，放线菌大量增殖转化培养料中的氨气，使氨气逐渐消除，此阶段一般为4～5天。料温超过50℃时，氨气浓度会增加，严重时培养料中的氨气将无法排出，造成播种后菌种不萌发。

f.降温出料阶段：开启大风量进行降温，把料温降至25℃左右，以避免播种时菌种被高温杀死，迅速把培养料转移到菇棚，进行播种（图3-3-20、图3-3-21）。

图3-3-20　培养料机械进料

图3-3-21　培养料进棚

　　二次发酵结束后，标准培养料是料色褐棕色，腐熟均匀，富有弹性，禾秆类轻拉即断，含水量为60%～65%，pH为7.0～7.5，无臭味异味，具有浓厚的甜面包香味，料内及整个料层长满白色的棉絮状嗜热性微生物菌落（图3-3-22）。

图3-3-22　二次发酵结束后，培养料布满白色絮状放线菌

7.蘑菇播种

（1）菌种选择

　　①AS2796：菌丝爬土能力中等偏强，成菇率高，基本单生，20℃左右仍可出菇，适宜提前栽培。该菌株要求投料量足和高含氮量，薄料或含氮量太低可能产生薄皮菇，甚至空腹菇。

　　②A15：出菇较早，出菇密度较大。子实体生长发育温度范围4～23℃，最适温度16～18℃，低温结实能力强。

　　③W192：耐肥、耐水，抗高温性能好，具有转潮快、子实体成活率高、丛生菇少、产量高等优点。

　　④W2000：该菌株生长温度广，耐高温，比较耐水，菇质比较结实，不易开伞，适合进行罐头加工及超市销售（图3-3-23）。

图3-3-23　优质的蘑菇菌种

（2）播种方式

培养料搬入菇棚后，把培养料均摊于各层菌床，厚度为20～25厘米，上下翻透，抖松，打开菇棚门窗通风，若培养料偏干，可适当喷洒用冷开水调制的石灰水，并再翻料一次，使之干湿均匀；如料偏湿，可将料抖松并加大通风，降低料的含水量。培养料的湿度控制在65%左右，pH为7.0～7.5，待培养料温度降至26℃以下时播种。

播种前，所有操作人员的手和操作的工具均用75%酒精擦洗消毒，也可用0.1%的高锰酸钾溶液或2%的来苏儿溶液浸泡消毒1～2分钟。取出菌种瓶或菌种袋，用挖菌种用的铁丝钩子挖出菌种或撕开塑料袋取出菌种，放入盆皿中，用手将团块瓣成粒状（不同类型的菌株应该分开挖取，分开播种）。每平方米栽培面积使用1.0～1.5瓶（袋）菌种，撒播并部分轻抖入培养料内，压实打平。播种完关闭门窗（图3-3-24～图3-3-26）。

图3-3-24　播种

图3-3-25　播好种的菌床

图3-3-26　机械进料同时播种

8.菌丝培养

播种后1～7天为发菌前期。播后1～3天的管理主要是保湿保温；播后4～7天，正常情况下菌种块的菌丝已萌发齐全，开始定植吃料，菌丝蔓延长入培养料，此时期以换气为主，促使菌丝封面，减少杂菌发生（图3-3-27）。之后菌丝吃料并在料内纵横生长，管理重点是以小通风为主，大通风为辅，保持相对空气湿度为70%～75%，菇棚温度控制在22～27℃，使料层的菌丝健壮生长。播种后20～25天，菌丝基本发菌到料底，此时可进行覆土。

图3-3-27　发菌丝

9.覆土

取无污染、无病虫的田泥翻晒，打碎成直径1.0 ~ 1.5厘米土粒，用石灰与土粒混合均匀，调整土壤pH为7.5左右，备用。有条件的，可使用草炭土，效果更理想。覆土前要将菌床上的料面整平，如料面比较干燥，需提前3天喷适量pH为8的石灰澄清液。覆土时，土粒要均匀撒在菌床上，用木片铺平，覆土厚度以3 ~ 4厘米为宜（图3-3-28 ~ 图3-3-30）。覆土后3天内，采取轻喷勤喷的办法调节湿度，使菇房相对空气湿度控制在90%左右。喷水时菇房要开门窗

图3-3-28　覆土

图3-3-29　覆好土的菌床

图3-3-30　草炭土

通风，停水时通小风以换气为主，关闭门窗2～3天，让菌丝从土层中爬上来。3天后加大通风量，有利于菌丝爬土。在喷水调湿或停水养菌期间，要结合气候干湿、气温高低、菌丝强弱等情况，灵活掌握喷水和通风。

10.出菇期管理

覆土20天后，当菌丝开始扭结时喷水，促进菌丝扭结，喷水量为平时的2～3倍，以土层吸足水分而不漏进料为宜。喷水时，通风量为平时的3～4倍。若气温高于22℃，应停止喷水，加大通风量，并推迟喷水。当土缝中出现黄豆大小的菇蕾或小菇后，应及时喷出菇水，促进子实体形成（图3-3-31）。

图3-3-31　床面有零星小菇

（1）水分与湿度管理

蘑菇出菇期间，保持室内相对湿度为90%～95%，喷水量根据菇量和气候具体掌握。一般床面喷水，以间歇喷水为主，以轻喷勤喷为辅，从多到少，菇多多喷，菇少少喷，晴天多喷，阴雨天少喷，忌喷关门水，忌在室内高温时和采菇前喷水。每潮菇前期通风量适当加大，但需保持菇房相对湿度在90%左右；后期菇少，适当减少通风量；气温高于20℃时，应在早晚或夜间通风喷水；气温低于15℃时，应在中午通风喷水（图3-3-32）。

图3-3-32　喷水管理

（2）通气管理

蘑菇是好氧性真菌，需要进行有氧呼吸，培养料在分解过程中也会不断产生二氧化碳、氨气、硫化物等有害蘑菇菌丝体和子实体生长发育的气体。二氧化碳浓度为0.1%～0.5%时适合菌丝生长，空气中二氧化碳浓度减少到0.03%～0.10%时，可刺激菇蕾产生。

覆土层中的二氧化碳浓度高于0.5%时，会抑制子实体分化；超过1%时，易出现子实体盖小、柄细长、易开伞等现象。因此菇棚内空气要保持清新（图3-3-33）。

图3-3-33　棚顶通风管

（3）温度管理

菇房内温度在25℃以上时，常会造成幼小菇蕾成批死亡，白天应关门窗，阻止热空气进入；在夜间和清晨气温低时，打开门窗，进行通风，并结合喷水。

遇到气温下降到10℃以下的情况，应采取与上述相反的措施。此时，如果床面有菇，应在中午气温稍高时喷水，早晚气温低时密封门窗，屋顶加盖稻草等覆盖物保暖。若床面无菇，不需要喷水，待气温升至12～15℃，再加大喷水量，促使出菇。

在出菇管理中，水分、温度、通风三者密切相关，相互影响，彼此制约，既要出多菇、出好菇，又要保菌丝，促使菌丝前期旺盛，中期有劲，后期不早衰，以保丰产稳产（图3-3-34）。如果能够使用拱形保温菇棚或更高标准的保温菇房，并配备食用菌专用空调控制环境，即可全年栽培蘑菇（图3-3-35）。

图3-3-34　出菇旺盛的菇床

图3-3-35　食用菌专用空调

11.采收

蘑菇子实体的菌盖直径长到3～4厘米，且蘑菇未开伞时，应及时采摘。采菇的方法：用大拇指、食指、中指合拢轻掐菇盖，轻轻旋转蘑菇后往上提，削掉菇脚。如气温在18℃以上，菌床面出菇密时，1天可采收3～4次菇；气温在10℃左右，可1天采1次或2天采1次。

此外，根据床面菇的长势，潮头菇可稳采，潮中产菇高峰要快采，日采2～3次。

为了减少采摘蘑菇的人工成本，目前，国内一些高科技蘑菇企业正在研究开发机器人智能采摘蘑菇技术，估计在不久的将来，机器人智能采摘蘑菇将投入到实际生产中。

12.转潮管理

每收完一潮菇后，需经5～8天的调整期才会出菇。在这段时期里要对菇床进行整理，将采菇后留下的凹穴用土填平，小孔填细土，大孔填粗土，再用细土覆盖，使床面平整，补土后及时喷水调湿；挖除老根和老菌块，否则会影响新生菌丝的生长，阻碍子实体形成，导致病虫害发生。

此外，如因管理不当，菇床床面常有死菇、伤残菇、病菇、虫菇产生，这类菇体要随见随摘处理。污染严重的土粒也要及早铲除，重新换土。

菌床沉实时，要在转潮期间进行反打插通气，深度达料层的2/3。

（四）毛木耳

1.概述

毛木耳营养丰富，含有人体易吸收的钙、磷、铁等矿物质和多种维生素，具有补血活血，滋阴润燥，养胃润肠等功效，有良好的清肺益气功能。毛木耳与黑木耳相比，具有颜色较浅、质地硬、产量高、适应性和抗逆性强、易于栽培管理、出耳快、产期集中等特点。毛木耳产品既能鲜售又能干销，发展前景广阔。

栽培毛木耳方法有袋料栽培和段木栽培（图3-4-1、图3-4-2）。

图3-4-1　毛木耳鲜品

图3-4-2　毛木耳干品

2.栽培季节

根据毛木耳的生物学特性，可以秋栽和春栽。在南方地区，接种期根据各地气候差异而不同，转冷慢的地方，秋栽一般安排在9月中旬至11月中旬；春栽接种期宜安排在3月中旬至5月中旬。适宜南方栽培的毛木耳品种为781、黄耳10号和台毛1号，这几个品种耳片肉质肥厚，抗杂菌能力强，产量高。

3.栽培场地的选择

应选择无污染、环境清洁、空气流通、地势较高且平坦的旷地，栽培毛木耳要求搭盖专用耳棚，一般采用墙式栽培专用棚，棚高3米（棚顶中心高度约4米），棚内宽度8～9米，长度30～50米，或依场地而定。耳棚用竹子或铝合金搭盖，棚内放置温度、湿度计。棚的四周及棚顶用透明或黑色薄膜覆盖，最外面再加盖一层遮阳网进行隔热和调节光线（图3-4-3）。

图3-4-3　木耳栽培大棚

4.培养料预处理

栽培毛木耳的原料以阔叶树、杂木的木屑为主（注意：不能使用带有芳香、油脂气味的松木、杉树、桉树、樟树的木屑）。新购买的杂木屑应堆积在室外，自然发酵使其所含的有害成分如单宁、树脂等物质挥发或降解后方可用。木屑发酵方法：木屑料混匀后堆成台型堆，高1.2～1.3米，底宽3.5米左右，长度依场所而定进行发酵，建堆后，当堆温升至60℃时，及时进行翻堆。每次翻堆前补水，含水量控制在60%～70%，最后一次翻堆要求安排在打包前48小时进行，发酵周期25天，其间翻堆3次。

5.参考配方

配方1：杂木屑68%，棉籽壳15%，麦麸15%，石膏粉1%，磷酸钙1%。
配方2：杂木屑78%，麸皮18%，蔗糖1%，碳酸钙1%，石灰2%。

6.装袋灭菌

培养料按照配方配置好之后装袋，一般用（15～17）厘米×（33～50）厘米规格聚乙烯的袋，装料时一边装一边压，紧实均匀一致，周围丰满无空隙。最好采用装袋机装袋（图3-4-4）。

图3-4-4　毛木耳菌包装袋

装袋结束应及时灭菌，以免料发酸变质。栽培菌包制作好后，要求在4小时内灭菌，通常采用常压灭菌，当温度上升至100℃时，保持10～12小时，即可达到彻底灭菌的效果。灭菌时，容器在锅内排放不要过于拥挤，以免蒸汽穿透不均匀，灭菌不彻底；加热时火力由小到大，使锅内温度缓慢上升，以减少袋的破损。如果选择用高压灭菌锅对菌袋进行灭菌，则需使温度保持在120℃以上并持续1.5～2.0小时（图3-4-5、图3-4-6）。

图3-4-5　菌包叠放

图3-4-6　蒸汽常压灭菌

7.接种

　　当菌袋降温到30℃以下时可以接种。在接种箱或接种室内按无菌操作进行接种。操作要求速度快、接种量均匀。如果采用开放式接种，在空气静止的场所内，需经消毒灭菌后再直接操作（必须要在晴天接种，阴雨天禁止接种）。接种有两种方式：短袋采取袋口接种，每瓶菌种可接种15 ~ 20袋；长袋采取打孔接种或用菌钉种接种，每袋接3 ~ 4个菌钉。推荐用菌钉种，菌钉种接种速度快，菌丝萌发快（图3-4-7 ~ 图3-4-9）。

图3-4-7　菌钉种接种

图3-4-8　菌钉种

图3-4-9　接好种的菌包

8.菌丝培养

　　把接好种的菌包搬到培养室摆放发菌或就地摆放在干净的地板上培养。菌包摆放方式可以"井"字形堆叠或墙式堆叠（图3-4-10、图3-4-11）。一般采用墙式堆叠栽培法，排叠栽培包的行距约1米，长度为3～5米，分两边排列，中间留1.3～1.5米的通道。堆叠的第一层栽培包离地面约10厘米高，每堆叠1层栽培包，在其上放置1片厚1厘米左右的薄竹片相隔，以利于固定栽培包和通气散热。然后，在竹片上再堆叠第二层栽培包，如此层层叠高，直至高度为1.4～1.5米。菌包堆叠好后，根据自然温度的变化和毛木耳菌丝生长适温（20～30℃）的要求，将棚温控制在20～25℃，空气相对湿度控制在70%左右，以满足发菌条件。通过掀盖耳棚周围的草帘和遮阳网来调节温度，通过掀盖耳棚内层薄膜来调节通风量及棚内湿度的高低（图3-4-12、图3-4-13）。

图3-4-10　菌包"井"字堆叠

图3-4-11　墙式堆叠

图3-4-12　菌丝培养

图3-4-13　接种10天后菌丝生长情况

9. 出耳管理

（1）开袋催耳

菌包接种后经过30～40天菌丝培养，菌丝即可长满，并逐步进入菌丝成熟期。当棚内温度降至25℃以下时，即可开袋诱耳发生；若棚内温度高于

25℃，开袋诱耳易出现红薄耳，产品品质差。因此，当菌丝长满袋，但气温偏高时，可适当推迟开袋时间，以利于耳芽的形成和发育。为了提高耳芽形成的质量，可灵活掌握开袋时间，以气温在20℃左右时开袋为宜。长袋可以在袋壁用刀划"V"形口或者菌钉接种口以利于出耳，短袋则去掉棉花，留套环袋口出耳（图3-4-14）。

图3-4-14　开"V"形口

（2）水分管理

从开袋到耳芽形成期间，棚内相对湿度控制在85%～90%（图3-4-15）。开袋初期喷水时，不可直接向开袋口喷水，只能喷向空中、地面，达到保湿的目的即可，同时还应增加棚内的散射光。经过5～7天，袋口表面即可出现大量耳芽原基，原基形成后3～5天，逐渐分化出杯状耳芽，这时应增加棚内相对湿度至90%～95%，以促进耳芽的生长。若耳棚保湿性较差，耳芽干硬，可向耳芽喷少量水（轻喷雾状水），使耳芽保持湿润状态。杯状耳芽经过3～5天生长，可长成2～3厘米宽的耳片，此时耳片生长速度开始加快，需水量也增加，应向空中喷雾，不可直接向耳片喷雾，以保持耳片湿润为宜。当耳片长至5～6厘米时，喷水宜采用时喷时停的方法，喷水与通风换气结合进行，以控制耳片的生长速度。

图3-4-15　开口处耳芽形成

（3）通风换气

通风管理要与喷水结合进行，喷水前将耳棚两头的薄膜卷高，喷水后通风换气约1小时再把薄膜放下，保持棚内相对湿度在90%～95%。当耳片长至5～6厘米后，可阶段性停水，并加大通风，使耳片减缓生长速度，促使耳片积累营养，增厚肉质。若棚内通风不良，棚内局部二氧化碳浓度过高，导致耳片展开不良，形成"鸡爪耳"，致使商品质量差，经济效益降低。

（4）适宜光照

毛木耳需要适当的散射光照射才能正常生长发育（图3-4-16）。光照强度以

图3-4-16　生长良好的毛木耳

人走进耳棚内能看清栽培包及耳片的形状为宜。若耳棚内光线较弱，则耳片黑度不够，但毛面白度好；若光线较强，则耳片黑度良好，但毛面呈红棕色，商品质量不佳。耳棚内的光线强弱度须适中（即光线不宜过强亦不可过弱），光线适当，则毛木耳耳片黑度和毛面白度均良好。

10.采收

毛木耳大棚栽培时通常可采收3～4批次，以前2批次毛木耳质量为优。当耳片充分展开、边缘开始收缩时可采收。采收时，沿袋面将整朵耳片割下，并去除袋面上的残留耳根，以免杂菌感染或虫害造成烂耳，影响生长。采收后要停止喷水4～5天，同时加大通风和光照，使表面水分减少。为了促使菌丝复壮和下一批耳芽形成，棚内温度控制在24～26℃为宜。

（五）大球盖菇

1.概述

大球盖菇色泽艳丽，肥大肉厚，鲜菇肉质细嫩，滑润爽口，含野生菇香味，清香柔和，菇柄质脆，干菇气味浓香，可与香菇媲美。大球盖菇栽培技术比较简单粗放，可用作物秸秆生料栽培，投资少，见效快，售价高，效益大，是一种很有发展潜力的珍稀食用菌新品种，是联合国粮农组织（FAO）向发展中国家推荐栽培的珍稀食用菌之一（图3-5-1、图3-5-2）。

图3-5-1　大球盖菇子实体

图3-5-2　粗放栽培的大球盖菇

2.生长发育条件

（1）营养物质

大球盖菇对营养要求不高，过高的氮素对其生长不利。所需碳素可以从栽培原料稻草、麦秸等作物秸秆中获取，氮源从辅料麦麸、米糠中获取。

（2）水分与湿度

水分对大球盖菇的菌丝和子实体的生长影响很大，所以栽培过程要特别注意水分控制。

要求培养料含水量为60%～65%，含水量过高会使培养料发黑，菌丝生长细弱，甚至不长，最后造成无收。水分过低，培养料干燥，菌丝易萎缩死亡。菌丝生长阶段要求空气相对湿度70%～75%，子实体生长（即出菇阶段）要求湿度为90%～95%。

（3）温度

温度是影响菌丝生长和子实体形成的一个重要因子。菌丝生长温度范围为4～32℃，最适为20～24℃。在低温下，菌丝生长缓慢，但不至于影响生活力，所以大球盖菇可以安全过冬。而在高温下，特别是温度在35℃以上时，菌丝会死亡。子实体形成要求温度在4～28℃，最适宜温度为18～23℃。

（4）光照

大球盖菇适宜在半遮荫的环境下生长，所以在栽培过程中尽量创造条件满足此要求。

（5）空气

大球盖菇在场地通风和足够的氧气条件下，能获得稳产高产。

（6）酸碱度

偏酸性，pH以5～7最适宜。

（7）覆土

大球盖菇子实体的形成需要土壤。土壤要求富含腐殖质、疏松、不板结。以菜园土或塘泥与细煤渣混合土为好。

3.栽培季节及原料准备

（1）季节选择

种植大球盖菇一般利用自然温度出菇，其原基形成和发育的最适温度为15～26℃，从播种到菌丝发育成熟，需要50天。因此，应根据当地的气候条件确定栽培时间，以气温在15～26℃时为准（即出菇时间），向前推算50天左右，为该地的播种时间。在南方可利用冬闲田、果园林地，采用防雨棚的措施栽培，另外还可以与其他作物套种栽培。播种期适宜安排在10月中下旬至翌年2月上旬，12月中旬至翌年3月中旬出菇最适宜（图3-5-3～图3-5-5）。

图3-5-3　利用冬闲田栽培大球盖菇

图3-5-4　果园林地栽培大球盖菇

图3-5-5　玉米地套种大球盖菇

（2）原料准备

栽培大球盖菇的原料有农作物的秸秆，如稻草、麦秸、豆秆、玉米秆、玉米芯、谷秆、高粱秆、亚麻秆、杂草以及木屑等。不宜使用棉子壳，也不宜加入人畜禽粪及氮、磷、钾等化肥。用1种或2～3种混合原料栽培均可。栽培料要选择新鲜、干燥、无霉变、无病虫的秸秆。

4.栽培场地要求

（1）栽培场地要求

栽培场地要求如下:栽培场所应选择离水源近、排水方便的地方；要求土壤肥沃、疏松、富含腐殖质；栽培场所要背风、向阳，而又有遮阳（半遮阳）的环境；远离禽畜圈，保持环境卫生；切忌在低洼和过于阴湿的场地栽种。

（2）土壤消毒处理

在整地做畦完成之后，尚未建堆之前，应进行场地的消毒，可在畦上泼浇1%的茶籽饼水，防止蚯蚓危害。在菇场的畦面上和四周喷0.5%敌敌畏和5%甲醛药液。若选用山地做菇场，必须撒灭蚁灵、白蚁粉等药物，进行灭蚁。

5.栽培方法

（1）预湿

秸秆堆制前一天预湿，将秸秆放入浸水池（图3-5-6），一边放秸秆，一边放水并用脚踩。最上层压上石板或石头。浸水时间因料而异，晚造稻草需浸泡48小时，早造稻草要浸泡72小时，浸泡期间，每天换水1～2次。除直接浸泡外，也可以采用喷淋方式使秸秆吸足水。将浸泡或喷淋过的秸秆捞出，放在地上让其自然沥水12～24小时，使秸秆的含水量在70%～75%。检验秸秆含水量的具体方法是：取1把秸秆，双手反向拧紧，若水滴断线式地溢出，表明含水量基本适度；若水滴连续不断线，表明含水量过高，应继续让其沥水；若无水滴渗出，则表明含水量不够，应补足水分（图3-5-7）。

图3-5-6　稻草浸泡

图3-5-7　稻草补水

（2）铺料播种

铺料时，应把畦整成高30厘米，宽1.3米，长度不限的龟背形畦床。畦与畦之间留40厘米宽的人行沟道。若土壤干燥，应先喷水后铺料（图3-5-8）。铺料分3层，下面两层料厚分别为8～10厘米，上面一层料厚4～5厘米，堆成上窄下宽的梯形。气温较高时应用直径为4厘米的圆木，每隔30～40厘米钻1个通气洞。一般铺料堆高20～25厘米，1米^{2}需干草料20～25千克。播种前要严格挑选菌种，使用生长健壮、无杂菌污染的菌种，并用75%的酒精对所用工具进行消毒，然后用消过毒的小勺将菌种挖出放在消过毒的盆中，掰成鸽子蛋大小的菌块，也可以掰成再小一点的菌块。使用棉子壳菌种1米^{2}需播种2～3瓶（750毫升菌种瓶），使用麦粒菌种1米^{2}需播种2瓶（500毫升菌种瓶）。

图3-5-8　畦地喷水

播种方式可分为以下几种。

①穴播法：每铺一层料点菌一层，穴深5～8厘米，穴距10～12厘米，成"品"字形定穴。

②撒播法：适用于麦粒等谷粒种，每铺一层料，将菌种均匀地撒播于上。此法用种量较大（图3-5-9）。

图3-5-9　播种

③穴播加撒播：第一层和第二层采用穴播，最上层采用撒播法。

无论采用哪种播种方法，每播一层后，都要轻拍草料，使菌种和草料紧密接触。

播种后及时在料堆面上覆盖湿润的麻袋片或草帘、无纺布、旧报纸，也可覆盖1厘米厚的腐殖质土（用1%的石灰水喷湿，但不能积水）。料堆上的覆盖物应经常保持湿润，防止料堆干燥。

（3）发菌期管理

①水分管理：发菌期培养料的含水量一般为70%～75%，空气相对湿度应控制在75%～85%。播后20天内一般不用补水。播后20天，料床上的菌丝量占据了培养料的1/2以上，如果草料干燥发白，可以适量喷水。

②料床温度调控：建堆播种后1～2天，堆温一般会稍微上升，要求堆温以23～27℃为宜，最好控制在25℃左右。堆温在20℃以下时，早晚应用草帘或麻袋片等加厚覆盖物，并覆盖塑料薄膜，日出时再掀去薄膜（图3-5-10）。若堆温过高，可掀掉覆盖物，在料堆中心部位间隔地打2～3个洞，洞口直径6厘米左右，洞深15～20厘米，洞口不能太小，否则还会引起失水升温。另外可以向料面及四周空中喷冷水降温，同时要加大通风，加密遮阳物。

图3-5-10　遮盖覆盖物

　　③遮阳与通风：菌丝生长阶段不需要光线，发菌期切忌光线直射畦床，应在畦床上搭建遮阳棚。遮阳棚的四周也应垂吊遮阳网，形成七阴三阳的"花花光照"。如果堆温在25℃以上，应将小拱棚两头的薄膜揭开通风；若堆温高于30℃，可将小拱棚上的薄膜全部揭去，同时，在畦面喷冷水降温，把料温掌握在菌丝所要求的适宜范围。在堆温正常的情况下，每天早晚各揭膜通风1次（图3-5-11）。

图3-5-11　播种几天后的菌丝

（4）覆土

播种后30～35天，菌丝吃料2/3或接近长满培养料时即可在料面覆土。覆土材料要求肥沃、疏松、保水性能好，pH控制在6.5～7.5为宜。覆土泥要经过晒干、过筛、选粒、调节pH和药物处理等几个环节的处理。

（5）覆土及覆土后的管理

覆土前如果草料表层很干燥，应该提前4～5天用清水喷湿，并覆盖报纸或草帘。覆土泥的厚度为2～4厘米，不能超过5厘米。覆盖土后必须调整覆土层的湿度，在2～3天内，床面每天喷水两次，使土壤含水量保持在36%～37%。

土壤含水量的简易测试方法：用手捏土粒，以土粒变扁，既不破碎又不粘手为宜。

在正常情况下，覆土到出菇需要30天左右。覆土后3～4天，菌丝开始向土面上爬，这时要求棚内温度为23～27℃，空气相对湿度应保持在85%～90%。随着水分蒸发和菌丝生长，早、晚用喷雾器向覆盖物喷水，以润湿土壤而不使水漏入料中为准。结合通风，降低土粒表层水分，使菌丝在土粒间生长。覆土后15～20天，菌丝蔓延出土面与土层齐平时，要提高畦面的湿度，调节空气相对湿度至85%～90%。

大球盖菇菌丝后期生长活力很旺盛，每天要加大通风量。待菌丝全部长出土面后揭膜停水降湿，使畦面菌丝倒伏，控制徒长，迫使其由营养生长转入生殖生长。

6.出菇期间管理

覆土后15～20天菌丝可爬上土面，倒伏后2～3天便可能形成原基，经过5～10天的培养就可采收。出菇期间管理工作的重点是保湿、稳温和加强通风换气。

（1）水分与湿度调控

当菌丝倒伏后3天左右，便有子实体原基形成，此时应喷1次结菇重水（图3-5-12）。先补上一层细土将菌丝盖没，然后分早、晚2次喷洒，每次1米^{2}喷水1.4千克。结菇重水要求能使粗土粒的上半部湿润，细土潮湿。喷结菇重水后菇棚要通风2～3天，要求小通风、慢通风，以防止菌丝徒长，然后逐渐减少通风，提高空气相对湿度，促进小菇不断增长。在棚内空间及人行道上喷水雾，使空气相对湿度达到90%。

图3-5-12　子实体原基

　　当菇蕾逐渐长大并顶出土层后，再喷1次出菇重水，以促使菇体迅速膨大而出菇（图3-5-13）。每天1米²喷水1.0～1.4千克，分早、晚2次进行。连喷2～3天，总的用水量1米²为2.8千克左右。通过调节喷水量和喷水时间、次数，使菇棚的空气相对湿度保持在90%～95%，当原基长到绿豆大、菇蕾长大顶出土层后覆土的含水量应保持在20%左右。当子实体长到3～4厘米时，要加强水分管理，促使子实体快速生长（图3-5-14）。

图3-5-13　菇蕾出土长大

图3-5-14　大球盖菇生长期

出菇重水喷得过早，过小的菇蕾容易受喷水的机械刺激而损伤，造成死菇；喷水过迟，正在迅速膨胀大生长的子实体得不到充足的水分和营养，生长速度减慢，出菇迟而影响前期产量。出菇重水用量过多或过少，都会抑制小菇的生长。

（2）温度调控

大球盖菇出菇的适宜温度为12～25℃，低于4℃或超过30℃均不出菇。当棚内温度高于30℃时，应添加遮阳物，减少光照，揭起塑料薄膜，加大通风量，每天早、晚各通风1～2次；中午揭起背阳一侧的覆盖物进行通风降温，或者结合喷冷水降温。深秋、初冬遇低温气候变冷时，应提前加厚覆盖物，少喷水或不喷水，防止其受冻害。在出菇期遇霜冻，一定要覆盖好菇床，尤其要盖好小菇蕾，不能让菇蕾直接裸露在外，严防在0℃以下受干冷风袭击遭受冻害。

（3）通风透光

大球盖菇出菇阶段需氧量大，应随时注意菇棚内通风换气，保持棚内空气新鲜。每天结合喷水和掀去覆盖物，接受自然光照。子实体大量产生时，需氧量急剧增加，更要注意通风，延长每次的通风时间（图3-5-15）。

每天早、晚通风1～2小时，尤其是采用塑料保护棚栽培的菇棚要根据天气变化情况，采取有效措施进行温度、湿度、光照、空气的调节。只要温度、湿度适合子实体生长，在遮阳棚下可将小拱棚揭开，当温度低时再重新覆上，

图3-5-15　掀开薄膜通风换气

平时打开小拱棚的薄膜加强透气。中午要揭开拱棚北侧的覆盖物让其通风透气。菇棚内温度在20℃以上，天气阴雨潮湿时，应于夜间开窗或揭棚通风。

7. 采收与加工

当子实体的菌盖外层菌膜尚未破裂或刚破裂，菌盖内卷不开伞时采收最为适宜（图3-5-16、图3-5-17）。

图3-5-16　适宜采摘的大球盖菇

图3-5-17　采收过迟开伞的大球盖菇

　　采菇时，左手按住菇柄基部的培养料，右手拇指、食指各捏住菇柄下部，轻轻转动几下，松动后再将菇向上拔起即可，注意避免松动周围的小菇蕾。采摘后随即切去带泥土的菇根，将菇轻轻放入竹筐或塑料筐中。

四、常见病虫害防治

（一）常见病害

1.霉菌及发生规律

（1）木霉

特征：绿色木霉分生孢子多为球形，孢壁具明显的小疣状突起，菌落外观呈深绿色或蓝绿色（图4-1-1）。

发生规律：多年栽培的老菇房、带菌的工具和场所是主要的初侵染源，已发病产生的分生孢子，可以多次重复侵染，在高温高湿条件下，再次重复侵染更为频繁。发病率的高低与环境条件关系较大，木霉孢子在15～30℃下萌发率最高；空气相对湿度为95%时，萌发最快。

图4-1-1　木霉

（2）链孢霉

特征：链孢霉菌丝体疏松，分生孢子卵圆形，红色或橙红色。在培养料表面形成橙红色或粉红色的霉层，特别是棉塞受潮或塑料袋有破洞时，橙红色的霉菌呈团状或球状长在棉塞外面或塑料袋外，稍受震动，便散发到空气中到处传播（图4-1-2）。

发生规律：靠气流传播，传播力极强，是食用菌生产中易污染的杂菌之一。

图4-1-2　链孢霉

（3）青霉

特征：在被污染的培养料上，菌丝初期白色，颜色逐渐由白转变为绿色或蓝色。菌落灰绿色、黄绿色或青绿色，有些分泌有水滴（图4-1-3）。

发生规律：通过气流、昆虫及人工喷水等传播。

图4-1-3　青霉

（4）毛霉

特征：毛霉又名长毛菌、黑霉菌、黑面包霉。毛霉菌丝白色透明，孢子囊初期无色，后为灰褐色。毛霉广泛存在于土壤、空气、粪便及堆肥上。孢子靠气流或水滴等媒介传播（图4-1-4）。

发生规律：毛霉在潮湿的条件下生长迅速，在菌种生产中如果棉花塞受潮，接种后培养室的湿度过高，很容易发生毛霉。

（5）曲霉

特征：曲霉有很多种，为害食用菌的曲霉有黄曲霉、黑曲霉、绿曲霉、烟曲霉等等。黑曲霉菌落呈黑色；黄曲霉呈黄至黄绿色；烟曲霉呈蓝绿色至烟绿色；曲霉不仅污染菌种和培养料，而且影响人体健康（图4-1-5）。

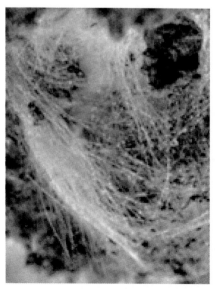

图4-1-4　毛霉

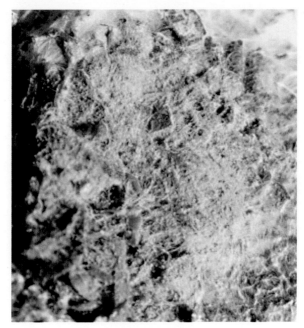

图4-1-5　曲霉

发生规律：曲霉分布广泛，存在于土壤、空气及各种腐败的有机物上，分生孢子靠气流传播。曲霉菌主要利用淀粉繁殖，培养料中含淀粉较多或碳水化合物过多容易发生曲霉污染；湿度大、通风不良的情况下也容易发生。

2.霉菌危害的主要特点

（1）主要侵染培养料，不直接侵染食用菌。
（2）与食用菌争夺水分、养料、氧气。
（3）改变培养料pH，分泌毒素，使菌丝萎缩、子实体变色、畸形或腐烂。

3.病害的种类及防治

（1）褐腐病

又称湿孢病，由有害疣孢霉侵染而引起。有害疣孢霉，属真菌门，半知菌亚门，丝孢纲，丝孢目，丛梗孢科，是一种常见的土壤真菌，主要为害双孢蘑菇、香菇和草菇，严重时可致绝产。菇类的子实体受到轻度感染时，菌柄肿大成泡状畸形。子实体未分化时被感染，产生一种不规则组织块，上面覆盖一层

图4-1-6　蘑菇褐腐病

白色菌丝，并逐渐变成暗褐色，常从患病组织中渗出暗黑色汁。菌盖和菌柄分化后感染，菌柄变成褐色，菌褶感染则产生白色的菌丝（图4-1-6）。

防治方法：

初发病时，立即停止喷水，加大菇房通风量，将室温降至15℃以下；病区喷洒50%多菌灵可湿性粉剂500倍液，也可喷洒1%～2%甲醛溶液灭菌。如果覆土被污染。可在覆土上喷50%多菌灵可湿性粉剂500倍液或70%甲基硫菌灵可湿性粉剂500倍液，杀灭病菌孢子。发病严重时，去掉原有覆土，更换新土，将病菇烧毁，所用工具用4%甲醛溶液消毒。

（2）褐斑病

又称干泡病、轮枝霉病，是由轮枝霉引起的真菌病害。它不侵染菌丝体，只侵染子实体，但可沿菌丝索生长，形成质地较干的灰白色组织块。染病的菇蕾停止分化；幼菇受侵染后菌盖变小，柄变粗变褐，形成畸形菇。子实体中后期受侵染后，菌盖上产生许多针头大小、不规则的褐色斑点，并逐渐扩大成灰白色凹陷。病菇常表层剥落或剥裂，不腐烂，无臭味（图4-1-7、图4-1-8）。

图4-1-7　平菇褐斑病

图4-1-8　蘑菇褐斑病

防治方法：

搞好菇房卫生，防止菇蝇、菇蚊进入菇房。菇房使用前后均需严格消毒，采菇工具使用前用4%的甲醛液消毒，覆土用前要消毒或巴氏灭菌，严禁使用生土。覆土切勿过湿。发病初期，立即停止喷水并降温至15℃以下，加强通风排湿。及时清除病菇，在病区覆土层喷洒2%的甲醛或0.2%多菌灵。发病菇床喷洒0.2%多菌灵溶液，可抑制病菌蔓延。

（3）软腐病

又称蛛网病、树枝状轮枝孢霉病、树枝状指孢霉病，是由树枝状轮枝孢霉引起的真菌病害。在菇床床面覆土表面出现白色珠网状菌丝时，如不及时处理，会快速蔓延并变成水红色。侵染子实体从菌柄开始，直至菌盖，先呈水浸状，渐变褐变软，直至腐烂（图4-1-9、图4-1-10）。

防治方法：

严格覆土消毒，切断病源。局部发生时喷洒2%～5%的甲醛溶液，或40%多菌灵800倍液或甲基托布津800倍液。也可在病床表面撒0.2～0.4厘米厚石灰粉，同时减少床面喷水，加强通风降温排湿。

图4-1-9　平菇软腐病

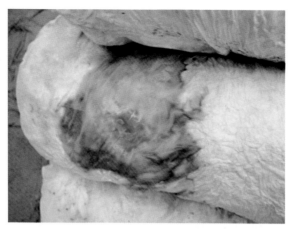

图4-1-10　平菇软腐病菌包

（4）黄斑病

　　染病初期菌盖上有小斑点状浅黄色病区，随着子实体的生长而扩大范围并传染其他子实体，继之色泽变深，并扩大范围到整个菌盖。染病后期菇体分泌出黄褐色水珠，病株停止生长，继而萎缩、死亡（图4-1-11）。黄斑病是由假单胞杆菌引起的病害，为细菌性病原菌；该病菌喜高温高湿环境，尤其当温度稳定在20℃以上，湿度在95%以上，而且二氧化碳浓度较高的条件下，极易诱发该病。即使温度在15℃左右，但菇棚湿度趋于饱和（100%）且密不透风时，该病亦有较高的发病率，在基料及菇棚内用水不洁时，该病发病率也很高。

图4-1-11　秀珍菇黄斑病

防治措施：一是搞好环境卫生，严格覆土消毒，消灭害虫；二是喷水必须用清洁水，切忌喷关门水、过量水，防止菇体表面长期处于积水状态和土面过湿；三是子实体生长期严防菇房内湿度过大，加强通风，使棚内的二氧化碳浓度降至0.5%以下，降低棚湿，尤其在需保温的季节时间段里，空气湿度控制在85%左右；四是子实体一旦发病，需通风降低菇房内湿度，喷洒600倍漂白粉液，喷药后封棚1～2小时。然后即应加强通风，降低棚温。

（二）常见虫害

1.螨类

食菌螨又称红蜘蛛，菌虱。体微小，常为圆形或卵圆形，一般由4个体段构成，即颚体段、前肢体段、后肢体段、末体段。前肢体段着生前面2对足，后肢体段着生后面2对足，全称肢体段，共4对足，足由6节组成。聚集时常呈白粉状。几乎所有食用菌的菌种都受螨类为害，螨类主要咬食菌丝体和子实体（图4-2-1）。螨类一般通过培养料或昆虫进入菇房。

防治：生产场地保持清洁卫生，要与粮库、饮料间及鸡舍保持距离；培养室、菇房在每次使用前都要进行消毒杀虫处理；培养料要进行杀虫处理；加强药物防治；严防菌种带螨。

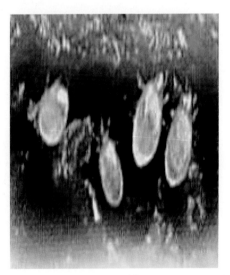

图4-2-1　螨虫

2.蚊类

食菌蚊又称尖眼菇蚊，别名菇蚊、菌蚊、菇蛆具有趋光线。其卵为圆形或椭圆形，光滑，白色，半透明，大小为0.25毫米×0.15毫米。幼虫为白色或半透明，有极明显的黑色头壳，长6.0～7.0毫米。蝇长为2.0～2.5毫米。初为白色，后渐成黑褐色。雌虫体长约2.0毫米，雄虫长约0.3毫米。危害双孢蘑菇、平菇、金针菇、香菇、银耳、黑木耳等食用菌的菌丝和子实体。成虫产卵在料面上，孵化出的幼虫取食培养料，使培养料成黏湿状，不适合食用菌的生长。幼虫咬食菌丝，造成菌丝萎缩，菇蕾枯萎（图4-2-2、图4-2-3）。

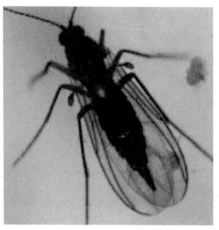

图4-2-2　菇蚊

图4-2-3　菇蚊幼虫

防治方法：生产场地保持清洁卫生；菇房门窗用纱网封牢；培养料要进行杀虫处理；黑光灯诱杀；加强药物防治。

3.食菌蝇

食菌蝇又称蚤蝇，别名粪蝇，菇蝇。幼虫蛆形，白色无足，头尖尾钝，成虫比菇蚊健壮，似苍蝇（图4-2-4）。主要的危害：蝇取食双孢蘑菇、平菇、银耳、黑木耳等食用菌。幼虫常在菇蕾附近取食菌丝，引起菌丝衰退而菇蕾萎缩；幼虫钻柱子实体，导致子实体枯萎、腐烂。防治的方法与食菌蚊防治方法相同。

4.线虫

体极小，只能在显微镜下才能观察到。形如线状，两端尖幼虫透明乳白色，成虫似菌丝老熟后的形状，呈褪色或棕色（图4-2-5）。所有食用菌均能被线虫危害，受害的子实体变色、腐烂，发出难闻的臭味。线虫常随蚊、蝇、螨等害虫同时存在。防治的方法与食菌蚊防治方法相同。

图4-2-4　菇蝇

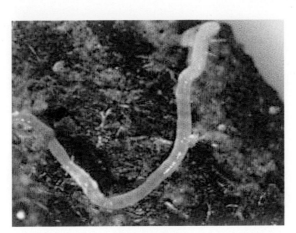

图4-2-5　线虫

5.蛞蝓

蛞蝓又称蜒蚰，鼻涕虫。体柔软，裸露，无保护外壳生活，在阴暗潮湿处所爬之处留下一条白色黏滞带痕迹。昼伏夜出，对木耳、香菇、平菇、草菇、双孢蘑菇、银耳等均可造成危害。直接咬食子实体，造成不规则的缺刻，严重影响食用菌的品质（图4-2-6）。

图4-2-6　蛞蝓

防治方法：保持场地清洁卫生，并洒一层生石灰；利用毒饵诱杀；加强药物防治。

（三）食用菌病虫害综合性防治

1.综合防治的原则

防治食用菌病虫害应遵循"预防为主，综合防治"的植物保护工作方针，利用农业、化学、物理、生物等进行综合技术防治，以选用抗病虫品种，合理的栽培管理措施为基础。

2.综合防治的方法

（1）治理环境

食用菌生产场所的选择和设计要科学合理，菇棚应远离仓库、饲养场等污染源和虫源；栽培场所内、外环境都要保持卫生，无杂草和各种废物。培养室和出菇场要在门窗处安装窗纱，防止菇蝇飞入。菇场在日常管理中如有污染物出现，要及时科学处理。

（2）生态防治

环境条件适宜程度是食用菌病虫害发生的重要诱导因素。当栽培环境不适宜某种食用菌生长时，便导致其生命力减弱，给病虫害的入侵创造了机会，这也是生存竞争、优胜劣汰的原则。如香菇烂筒、平菇死菇等等，均是菌丝体或子实体生命力衰弱而致。因此，栽培者要根据具体品种的生物学特性，选好栽培季节，做好菇事安排，在菌丝体及子实体生长的各个阶段，努力创造其最佳的生长条件与环境，在栽培管理中采用符合其生理特性的方法，促进健壮生长，提高抵抗病虫害的能力。此外，应选用抗逆性强、生命力旺盛、栽培性状优良的品种；使用优质、适龄菌种；选用合理栽培配方；改善栽培场所环境，创造有利于食用菌生长而不利于病虫害发生的环境，都是有效的生态防治措施。

（3）物理防治

利用不同病虫害的生理特性和生活习性，采用物理的、非化学（农药）的防治措施，也可取得理想效果。如利用某些害虫的趋光性，在夜间用灯光诱杀；利用某些害虫对某些食物、气味的特殊嗜好进行诱杀；链孢霉在高温高湿的环境下易发生，把栽培环境湿度控制在70%，温度控制在20℃以下，可迅速抑制链孢霉，而食用菌的生长几乎不受影响。此外，防虫网、黄色黏虫板、臭氧发生器等都是常用的物理方法。

（4）化学防治

在其他防治病虫害措施失败后可用化学农药，但仍要尽量少用，大多数食用菌病原菌也是真菌，使用农药容易造成食用菌药害。且食用菌子实体形成阶段时间短，在这个时期使用农药，未分解的农药易残留在菇体内，食用后会损害人体健康。在出菇期发生虫害时，应先将菇床上的食用菌全部采收后选用一些残效期短、对人畜安全的植物性杀虫剂（如用500、800倍的菊酯类农药防治眼蕈蚊、瘿蚊；用烟草浸出液稀释500倍喷洒防治跳虫）。食用菌栽培中发生病害时，要选用高效、低毒、残效期短的杀菌剂，对培养料和覆土可用5%的甲醛药液杀菌，每立方米喷洒500毫升，并用塑料薄膜覆盖闷2天。甲醛还可作为熏蒸剂，每立方米空间用10毫升甲醛加5克高锰酸钾，使其挥发或用酒精加热使其蒸发，杀死房间砖缝、墙面上的各类真菌孢子。其他常用的消毒剂还有石炭酸、漂白粉、生石灰粉等。

3.禁用的化学农药种类及名称

根据农业农村部、卫生部有关通知和规定，在蔬菜、果树、烟叶、茶叶等作物和食用菌上禁用的高毒、高残留化学农药品种，如甲胺磷、杀虫脒、呋喃丹、氧化乐果、六六六、滴滴涕、甲基1605、1059、苏化203、3911、久效磷、磷胺、磷化锌、磷化铝、氰化物、氟乙铣铵、砒霜、溃疡净、氯化钴、六氯酚、4901、氯丹、毒杀酚、西力生和一切贡制剂等等。

图书在版编目（CIP）数据

食用菌生产创新技术图解手册/玉林市微生物研究所，广西食用菌产业创新团队玉林综合试验站编著. —北京：中国农业出版社，2020.11（2024.11重印）
ISBN 978-7-109-27232-3

Ⅰ.①食…　Ⅱ.①玉…②广…　Ⅲ.①食用菌-蔬菜园艺-技术手册　Ⅳ.①S646-62

中国版本图书馆CIP数据核字（2020）第160638号

中国农业出版社出版
地址：北京市朝阳区麦子店街18号楼
邮编：100125
责任编辑：刁乾超　李昕昱　　文字编辑：黄璟冰
版式设计：王　怡　　责任校对：沙凯霖
印刷：中农印务有限公司
版次：2020年11月第1版
印次：2024年11月北京第2次印刷
发行：新华书店北京发行所
开本：720mm×960mm　1/16
印张：7.25
字数：130千字
定价：48.00元